U0172347

建筑与音乐

◎ [日] 五十岚太郎 著

◎ [日] 菅野裕子

马林 译

华中科技大学出版社
http://www.hustp.com
中国·武汉

图书在版编目(CIP)数据

建筑与音乐／（日）五十岚太郎，（日）菅野裕子著；马林译. - 武汉 ：华中科技大学
出版社，2011.10（2021.5重印）
ISBN 978-7-5609-7343-2

Ⅰ.建… Ⅱ.①五… ②菅… ③马… Ⅲ.建筑艺术-关系-音乐 Ⅳ.TU-854

中国版本图书馆CIP数据核字(2011)第176202号

"KENCHIKU TO ONGAKU"by Taro Igarashi and Yuko Sugeno
Copyright ©Taro Igarashi, Yuko Sugeno 2008
All rights reserved.
Original Japanese edition published by NTT Publishing Co.,Ltd., Tokyo.This Simplified
Chinese edition is published by arrangement with
NTT Published Co.,Ltd., Tokyo in care of Tuttle-Mori Agency,Inc.,Tokyo
through Bardon-Chinese Media Agency, Taipei.

简体中文版由 NTT 授权华中科技大学出版社在中华人民共和国境内（但不含香港、澳门、
台湾地区）独家出版、发行。
湖北省版权局著作权合同登记 图字：17-2011-144 号

建筑与音乐
JIANZHU YU YINYUE

[日] 五十岚太郎 　[日] 菅野裕子 　著
马林 译

出版发行：华中科技大学出版社（中国·武汉）　　电话：（027）81321913
　　　　　武汉市东湖新技术开发区华工科技园　　邮编：　430223

责任编辑：贺　晴　　　　　　　　　　　　责任监印：朱　玢
责任校对：赵　萌　　　　　　　　　　　　美术编辑：张　靖

印　　刷：湖北新华印务有限公司
开　　本：880 mm×1230 mm　　1/32
印　　张：7.5
字　　数：183千字
版　　次：2021年5月第1版　第2次印刷
定　　价：59.80元

投稿邮箱：heq@hustp.com
本书若有印装质量问题，请向出版社营销中心调换
全国免费服务热线：400-6679-118　竭诚为您服务
版权所有　侵权必究

前 言

我们从孩提时代起就一直对中国怀有崇敬之心，此次我们的拙作能够展现在中国的读者面前，我们感到非常荣幸。

我们从1991年开始着手创作关于建筑与音乐的书籍。10年前，菅野第一次来到中国，并游历了北京、上海和武汉。那次经历给菅野的世界观带来了很大的影响，当时13岁的菅野第一次看到了中国美丽的风景，而且观赏了很多千年历史古迹。那个时候对菅野触动最大的就是中国旖旎的风光和深厚的文化底蕴，这是在日本体会不到的"空间"的广阔和"时间"的长远。五十岚在1992年的时候，曾经与中国留学生一起从上海出发，在中国旅行了一个月。五十岚在此之后还来中国访问过很多次，对中国城市的迅速发展深有感触，而且五十岚惊叹于中国不论是在"空间"上，还是在"时间"上，都与日本不同。

本书介绍的是西方文化，出发点就是用空间和时间的概念来分析建筑和音乐的问题。我们认为：时间和空间是跨越国界的，是人类共通的问题。非常有意思的是，空间和时间在英文中是"space"和"time"两个完全不同的单词，而用汉字表达这两个概念的时候则是"空间"和"时间"，两个词都有一个"间"字。在空间和时间里，都存在着音程的问题，如果从汉语文化的角度来考虑的话，我们认为这与中国读者更亲近。我们对中国的音乐理论也非常感兴趣，但是中国的音乐理论博大精深，此次我们在书中没有谈及，希望中国的读者读完这本书之后，能够对此问题展开研究和讨论。

当然，"空间"和"时间"这两个词也是从中国传到日本的。日语的词汇有两类，一类是日本古代就有的词汇，另一类是从中国传来的词汇。我们认为这两种词汇表达的正是"日本的文化"和"中国的伟大文化"，并且各有特点，其特点背后又蕴含着曲折的历史。可以说，我们在了解外国文化的同时也在了解日本的文化，由于日语中有两种词汇，所以日本人也经常面临文化差异的问题。

我们在问题研究的意识和思考方面受到了中国很大的影响，也得到了很多的启示。最后，请允许我们再次表达自己的激动和感谢之情。

二〇一一年十一月十一日

五十岚太郎

菅野裕子

目　录

◆作为线条的音乐——音簇和滑奏
◆线与面之间

序　至死不渝地恋慕缪斯女神的戴米乌尔格斯

　　打开书，绘图和图解（除了乐谱部分）仿佛立体地展现在眼前。飘浮的云彩无时无刻不环绕在建成的建筑物上。在城市的夜景里，灯光闪烁；在礼堂和塔里回响起了音乐声⋯⋯

　　　　　　——彼得·格里纳韦《天卫十八之书》（一九九一年）

音乐与建筑

也许有人要问，音乐和建筑之间真的有关系吗？

与其这样问，倒不如问我们为什么会认为音乐和建筑两者之间有关系。笔者想先就两者之间具有共同点的这一可能性进行思考。因此，在前言部分，笔者对音乐和建筑两者之间相联系的方法进行了概括和研究，并为最终提出确立的理论进行了简单描绘。

如果除去具体的音响效果这一问题的话，那么将音乐和建筑联系起来就是将原本就不同的对象放在一个平台上进行研究，所以我们必须发现两者相似的地方。在这里，我们需要跳跃性的思维。也就是说，要用类比的方法将两者联系起来进行研究。除此之外，可以将视点设定在文学、象征或两者的结构上进行研究。

也许，希腊神话中的记述是最早言及音乐与建筑这两者关系的文献。从前，宙斯和记忆之神尼莫西妮生了九个女儿，她们就是缪斯，即掌管科学和艺术的女神。为了向缪斯表达敬意，赫尔墨斯斯制作了一把有九根弦的竖琴，然后将九弦琴赐给了掌管音乐的缪斯女神。当弹奏九弦琴时，石头竟也动了起来，最终筑成了城墙。同样的轶事还有太阳之子阿波罗版的，但无论是哪一版，都说明了音乐的力量可以建造房子。

缪斯是能够给予人灵感的女神，如果从这点来考虑音乐与建筑的话，那么长期恋慕缪斯女神的戴米乌尔格斯就自然地成为建筑的代名词。也就是说，戴米乌尔格斯就是柏拉图在讲述创造宇宙时所提到的创造万物的神。戴米乌尔格斯根据理想的模型创造了宇宙，并且以此为职。然而，戴米乌尔格斯又是以什么为参照物来创造宇宙的呢？是数字，还是音乐，或者是自然？

比例论派系

众所周知，古希腊的音乐理论对其之后的建筑理论影响颇大。据说，毕达哥拉斯发现：如果将琴弦用整数比来分割的话，就能弹出和弦乐。例如，不对琴弦做任何处理来弹奏，与按住琴弦的正中央来弹奏，发出的声音是不同的。如果琴弦的长度是 2 ∶ 1 的关系，那么弹奏出来的两个音就会差一个八度。所谓音程，就是两个音在音高上的距离。所有的弦乐器都是根据这种比例来形成音程的。拿吉他来说，如果按住正好位于弦长二分之一处即第十二品处的话，那么弹奏出来的音比开放弦弹出来的音要高。以此类推，以 2 ∶ 3 的比例来弹的话，则是五度，3 ∶ 4 时是四度，4 ∶ 5 时是大三度，1 ∶ 1 时与原音相同，如此一来，就可以弹奏出和弦了。像这样，古希腊人利用简单的 1、2、3、4 的数字组合，就能奏出和弦。而且古希腊人非常重视由 1、2、3、4 的数字而得出的完备数（即它所有真因子的和恰好等于它本身）。即音的关系可以转为可视化的弦长关系。曾经，利用简单的比例可以弹出和弦，从而构筑世界，对于西欧人来说，这笼罩着一层神秘的色彩。话虽如此，其实这只是很简单的物理现象而已：如果琴弦的粗细和张力固定的话，则弦长和频率成反比。即如果弦长变为原来的二分之一的话，那么频率就会变成原来的二倍。从音阶上来说的话，就是高了一个八度。

在《蒂迈欧篇》中，柏拉图将从以一作为第一项，比数为二的等比数列（1，2，4，8…）和比数为三的等比数列（1，3，9，27…）中所得到的数，看作构成宇宙的数字。这也成为数秘主义的源头。我们将两个等比数列合在一起，将得到 1，2，3，4，8，9，27，在此引入毕达哥拉斯的中项理论，从各数的等差中项 [$b=(a+c)/2$]、等比中项（$b^2=ac$）、调和中项 [$b=2ac/(a+c)$] 中所得的数字也要加入。对于现在的我们来说，与其说这是音乐，不如说这是数字。但是在近代以前的西方将此种数字在音乐中的应用看作音乐理论，并且将这种理论置于比实践音乐更高的高度。

希腊有一种思想观念，即无论是行星的运行还是音乐的各种调式（如多利亚调式、爱奥里亚调式等），都会对人们产生影响，并且人们提倡一种情操培养教育理论，即多利亚调式更加豪放，是更加适合年轻人的音乐。此外，音乐理论中有种调式叫作多立斯式，和建筑中的多立斯柱式在名字上不谋而合。历史学家约翰·奥尼恩斯将科隆纳所著的《波菲利的梦》（一四九九年）一书和布拉曼特的柱式建筑的用法提出来，清晰地指出了柱式建筑和音乐的关系，[注一]（图一）于是，音乐和建筑两者之间产生交集的可能性被广泛认同。

在古代的建筑书籍中，音乐理论又是怎样被记述的呢？古罗马建筑学家维特鲁威在《建筑十书》（公元前三十年左右）中提到，各个领域的学问都是相互关联的，因此，作为建筑学家应该通晓数学、星相学、医学等（1-1）。不仅如此，书中还对配置有四度、五度、八度共鸣装置的剧场的音响效果进行了论述，并且引用亚里士多德的理论来介绍希腊的音乐原理（5-3 ~ 8）[注二]。另外，书中还提到了宇宙倾斜度与音响的关系等。虽然书中言及了柱式建筑的比例结构和在意义论上与人体重叠的原理，但是没有结合音乐的比例进行论述。尽管如此，《建筑十书》还是成了文艺复兴时期古典主义的权威，极大地影响了后世的建筑师。

到了中世纪，建筑和音乐变得密不可分，两者都可以说是数字的产物（吉姆森）。当时，学校的音乐理论都是以数学为基础的，是自由七学科里唯一的艺术学科。总之，数学的地位比建筑更高。但是，随着文艺复兴的到来，建筑学家的地位逐渐上升，建筑师不再像木匠那样简单地建造房子，

图一：四声的经文歌 (c.1510−1515)、由布拉曼特设计的梵蒂冈宫殿中的螺旋楼梯

而是需要更多的理论支持。当时，透视作图法作为最新的理论被建筑师视为珍宝。接下来，建筑师又以比例论为依据，寻求音乐理论在建筑学上的理论支持。比例论在音乐理论上已经被验证，并且比例之美已经具有权威性。根据这一事实，把比例之美视觉化后也应该呈现美感。就像现在混沌理论、分形理论等作为新的科学理论被提出来，建筑师尝试着将其应用到建筑理论中一样，文艺复兴时期的建筑师将权威性的音乐理论引入建筑学中。

视觉与听觉的互换

文艺复兴时期，莱昂·巴蒂斯塔阿尔伯蒂在其所著的《建筑论》(一四八五年) 一书中，阐释了理想中的音乐形象 [注三]。例如，建筑构图不平衡就像跑调的歌曲一样（1-9），"建筑物的占地面积像精神上的教化一样，建筑物的线条和图案都必须合乎音乐和几何学上的美感"（7-10）。而且，从

声学上来看，剧场也被建成了圆形 (8-7、9)。书中还提到，"下一个数字使声音产生匀称的美感，数字本身的神奇使得人的眼睛和灵魂都得到满足"，"从音乐中导入了有关建筑物轮廓线条的理论方法……"，即音乐上的数字 (1、2、3、4 的整数比，以及三种平均方法：等差中项、等比中项、调和中项) 可以被应用到建筑设计中去 (9-5、6)。可以说，眼睛能够看见的形象的法则是从音乐家那里学来的，莱昂·巴蒂斯塔·阿尔伯蒂意识到了音乐中的数列，并且首次在真正意义上对自古以来音乐中的数学与建筑作品之间的联系进行了研究。

这种思想在文艺复兴时期广为流传。安东尼所著的《菲利波·布鲁内莱斯基传》也与"建筑术"和"音乐均衡理论"相关 [注四]。维尼奥拉在其所著的《建筑的五种柱式规范》(一五六二年) 的序文部分提到，将音乐和建筑的比例进行类比，发现音乐比建筑拥有更为科学的基础 [注五]。并且，安德烈亚·帕拉第奥在其所著的《建筑四书》（一五七〇年）中，把乐器独弦琴作为比例和谐的象征，放在了他第一本书的卷首插图上 [注六]。书中对构成房间外形的比例进行了说明，并且由此介绍了与音乐理论相关的三种平均方法 (1-23)。

建筑史学家鲁道夫在《人道主义的建筑》(一九四九年) 中，指出了文艺复兴以后的音乐理论和建筑理论的并行现象 [注七]。比如，在十六世纪毕达哥拉斯以外的谐和音 (两种以上乐器同时发出来的听起来和谐悦耳的声音)，即大三度 (4：5)、大六度 (3：5) 如果在音乐领域被认同的话，那么在建筑领域也应该扩大数字和比例的范围，使用一到六的数字，而不是只使用一到四的数字。鲁道夫在他的论文《在建筑领域中的和谐比例的问题》

(一九四九年)中总结了两种研究成果。第一种是在前文中提到的,从比例的视角来验证建筑论和音乐论的关系,构成优美比例的数字组合被世人认可,并且其数字范围得到了扩大,另外作者还追踪了其概念的崩溃过程。第二种就是分析了修道士弗朗西斯科·乔治为建造威尼斯教堂而制定的理想计划。这篇只能用现实证据来讲述建筑和音乐的论文,具体论证了将文献作为历史资料来使用,将音乐比例应用到设计上的意义,非常宝贵。事实上,想要搜索"某建筑师利用了音乐比例来建造房子"这种设计者的发言是很难的。虽然乔治根据基督教和新柏拉图主义出版了《宇宙和谐论》(一五二五年)一书,但是这远远不够。因此,"与教堂主道的宽成 2:3 的比例——有名的调和比例之一,在音乐理论中构成了五度音程"……祭祀房间的宽度为三步距离,与大祭司房间的宽度是二倍关系,于是形成了八度音程这种设计意图的记录更有说服力(图二)。

虽然没有像这样能作为文献的论据,但是鲁道夫对巴达萨尔·隆盖纳设计的威尼斯安康圣母教堂进行了分析,并且试图对在不同水平上的音乐理论进行解释[注八]。师从于安德烈亚·帕拉第奥的鲁道夫发现,整体上的建筑构成是根据音乐理论的比例而设计的(图三)。例如,在平面上将比例改为1:2,如此反复三次。其他的研究人员也沿用了这种分析方法。安德烈亚·帕拉第奥的第二本书对整体平面进行分析的结果是:其中大约三分之二的建筑比例构成合乎音乐理论的比例[注九]。接着,安德烈亚·帕拉第奥就建筑物的高度进行了考察,增加了比例论的可研究性[注十],然后,他从米开朗琪罗和音乐家的交流中得到启示,在论文中指出立体设计中也贯穿了音乐理论中的比例[注十一](图四)。关于巴洛克建筑,乔治·赫西以《凝冻的音乐》

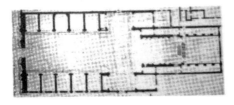
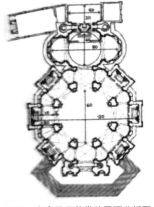

图二：圣弗朗西斯科·德拉维 尼亚大教堂的平面图　　图三：安康圣母教堂的平面分析图

(其中包含音乐理论的比例) 为题，分析了克里斯托弗·雷恩设计教堂的方案和贝尔尼尼设计的华盖 [注十二]。

比例论的界限

中世纪关于哥特式建筑的比例论也有不少。其中有名的比例论著作便是吉姆森的《哥特式大教堂》(一九五六年)[注十三]。吉姆森从神学家奥里利乌斯·奥古斯丁和圣丹尼修道院院长苏热的思想中得到启发，以为哥特式建筑是将音乐理论的数学比例应用在建筑学中的象征式建筑。尽管如此，吉姆森却没有明示教堂的哪一部分具体应用了比例理论，又是怎样将比例应用到教堂建造中的，作者只是从论据角度出发，提出了研究的可能性。另一方面，虽然有人尝试分析哥特式建筑中具体的比例应用，但当时的权威性文

图四：米开朗琪罗设计的劳伦齐阿纳图书
馆的立体分析图

献实在太少了，而且缺乏实际的验证。有人提出在圣丹尼、克吕尼、希尔德斯海姆、彼得伯勒等地的教堂中，部分建筑是根据数列比例建造而成的，如西多会修道院是此类建筑的典型 [注十四]。

当时，建筑界内部已经开始了对哥特式建筑研究的猛烈批判，技术史学家提出了将音乐比例应用到哥特式建筑中的必要性。在与音乐相关的文献中，虽然对哥特式建筑中的音乐比例应用也有所提及，但是大多只是引用了吉姆森著作的内容，有些文献的内容甚至没有指明出处。本书暂且保留实际验证的问题，针对联系起建筑与音乐方法论的不同倾向进行阐述。一是偏重意义论，二是以音程的比例为中心课题进行研究。在这里，作为对今后理论的展望，笔者将以时间比例，即节奏问题和乐曲的时间结构作为考察对象进行阐述。

说起来，这样的比例论早在文艺复兴之后的时代就被否定了。

在十七世纪，宇宙论从音乐理论中脱离出来，与此同时，建筑论中的"建筑对音乐比例进行了规范"这一说法也被否定了。但是，建筑这一学科本身就是从自律性的思想出发的。总之，建筑是断绝了对缪斯女神的恋慕，转为戴米乌尔格斯的自我安慰和自我陶醉。克劳德·佩诺特将维特鲁威所著的《建筑十书》翻译成了法语，在书中的注释部分，克劳德·佩诺特主张建筑并不具有与音乐同样的美感 [注十五]。接着，克劳德·佩诺特在《根据古典的五种柱式》(一六八三年) 中说："两根弦构成了和谐的比例，那么我们通过耳朵听到的声音对音乐形成了认识；构成柱式的各个部分的比例使我们通过眼睛对建筑形成了认识。然而，这两种认识是完全不同的。"克劳德·佩诺特强调眼睛和耳朵这两种感官的不同，从而提出了在不同领域的比例论改变这一疑义。克劳德·佩诺特不仅是建筑学家，而且还是一位医生，笔者对身兼双重身份的他也非常有兴趣。

在十八世纪的启蒙主义时代，这种倾向更加明显。马克·安东尼·罗杰尔在《建筑试论》(一七五三年) 第二版的序言中指出，建筑只不过是擅自把音乐中的和弦进行了规范化而已。在其他的著作中，他也对三种比例的理论进行了否定 [注十六]。并且，无论是弗朗切斯科·康特 (一七五五年出版了论著《建筑论》)，还是德·昆西，都强调了建筑与其他艺术形式的差别。此外，在雅克·弗朗索瓦·布隆德尔的《建筑序论》(一七七一年) 一书中也确立了与音乐无关的建筑学教育方案 [注十七]。不过，对于欣赏音乐和鉴赏建筑物的人来说，可从唤起对方情感这一点对两者进行比较。路易斯·艾蒂安在艺术理论中提出，和谐在音乐领域中被看作基本原则，然而，和谐在建筑中虽然也被重视，但是它不是建筑的基本原则。如果是这样，那么建筑理论就只是强调建筑学的自律性，而对于其与和弦的关系则是抱着批判或者无视的态度。于是，建筑就与音乐分割开来了，失去了具体的关联。虽说如此，现代主义以后，人们却能从勒·柯布西耶的模数和阿道夫·卢斯的随笔中，或者从荷兰建筑学家范·德拉·安的比例体系中隐约看出音乐与建筑的关系[注十八](图五)。

图五：黄金比例

自古以来就有的说法：建筑等于凝冻的音乐

缪斯是戴米乌尔格斯一直恋慕的对象。

建筑论陷入僵局而失败是在十八世纪，此时的建筑失去了理想的对象。在达到完全自律之前，近代建筑一直在寻找其他的建筑原型，这是在黑暗中摸索的一个历史阶段。建筑史学家彼得·柯林斯虽然曾经也在追溯十八世纪以后建筑论所采用的许多类比思考方法，但是当音乐古典卡农丧失了权威之后，建筑学家便开始分析建筑是否能从生物、机械、饮食、语言学等其他领域寻找建筑原型[注十九]。那么到了近代这种倾向减弱了吗？对于这一问题，彼得·柯林斯的研究并没有言及音乐的类比，反而用文学上的想象力，即用比喻的方法再次强调了建筑与音乐之间的关系。建筑是凝冻的音乐作为自古以来就有的说法，正是在此时提出的。

凝冻的音乐也是对老一套建筑论的赞词。

罗丹、歌德、芬诺罗萨等人所说的话正是从浪漫主义的思想出发的，他们的言论更加像一种批判。十八世纪以后，连接建筑和音乐的范式就与产生空间美学的思想建立了不解之缘。莱辛在其著作《片段争论》（一七六六年）中将所有的艺术分为空间艺术和时间艺术，这不正是"凝固的时间等于空间"这一思想的源头吗？关于"凝冻的音乐"这个表述方式的起源有很多不同的说法，因此很难有定论，但是弗里德里希·施莱格尔，还有亨利谢林的演讲《艺术哲学》（一八○二年至一八○五年）在起源说中占主流地位。其中，后者将建筑称为"凝固的音乐"或者"空间上的音乐"。德国浪漫派美学虽然也将艺术进行了分类，但是为了综合考虑，还是将建筑与音乐联系起来了。将建筑比作"凝冻的音乐"是由歌德提出的，并且为世人所知。不仅如此，查尔斯·皮埃尔·波德莱尔也提出"将空间的概念也赋予音乐"这种说法。但是根据兰格的说法，这种比喻早被古希腊诗人西蒙尼特斯提及过。

在日本，药师寺被芬诺罗萨形容为"凝冻的音乐"。被这样形容的原因正是因为药师寺外在的线条有一种韵律美。但在此之前，日本的美术评论家黑田鹏心在《日本美术史讲话》（一九一四年）中鉴赏药师寺时，就将药师寺称赞为"凝冻了的音乐"[注二十]。并且，不管在龙泽真弓的"音乐与建筑"理论中，还是在浪漫主义的脱离派建筑会中，"凝冻的音乐"的比喻都被运用过。

这样类似的例子不胜枚举，恐怕可以编一本写满怎样批判固定模式的事典了。歌德在《浮士德》中写道："我认为神殿本身就在歌唱。"保尔·瓦雷里（又译保罗·瓦莱里）在《圆柱在唱歌》[收录在《魅惑》（一九二二年）

一书中]中说道："比例和谐的圆柱排列在一起，就好像管弦乐队在演奏一样。"在《欧帕里诺斯，或建筑师》（一九二三年）中有着这样的句子，"我想听柱子唱歌"，"能够使建筑物如此富有活力的，是建筑师的才能，或者不如说是缪斯的恩宠"。另外，三岛由纪夫在《小说家的假期》中说道："可以用眼睛看到的东西却总是给我音乐上的感动。"

建筑学家们又是怎么说的呢？例如，弗兰克·劳埃德·赖特利用了比喻的修辞手法，将音乐比喻成建筑的朋友，而且是能够给建筑提建议的朋友[注二十一]。在音乐学校中讲课时，路易斯·康也多用比喻来说明音乐和建筑之间的关系，他还提出，听音乐和看空间上的建筑物是一样的。另外，在法国的美术学校学习的中村顺平在《建筑这门艺术》（一九六一年）中提到，严岛神社就像一曲交响乐，建筑也是空间结构上的音乐（图六）。

不管怎么说，将建筑比作音乐来对其加以赞赏，不就是说音乐是比建筑更加高级的艺术吗？因为与其说是像建筑一样的音乐，不如说是像音乐一样的建筑，这种说法更具有褒奖的意义，并且这种比喻在世间也广为流传。但是，将音乐和建筑互作比喻只不过是一厢情愿的做法而已。

图六：严岛神社

只是单纯重复美妙乐曲的话，是无法摆脱文学比喻的范畴的。对于建筑和音乐所具有的构筑性这一性质来说，人们是很难从正面来说明它的。

那么，如何在理论上使研究建筑与音乐的关系变成可能呢？

分析方法及本书的构成

本书按照时间顺序，从古希腊一直追溯到建筑学家丹尼尔时代，试图论述建筑与音乐的关系。第一部介绍从古代到中世纪，第二部介绍从文艺复兴时期到巴洛克建筑时期，第三部论述从古典主义到现代主义这一时期。总而言之，本书回顾了整个历史过程中建筑与音乐的关系。然而，关于音乐与建筑的分析方法是多种多样的。与可以把绘画、雕刻等视觉艺术放在一起研究相比，跨越建筑和音乐的讨论需要不同的专业知识，因此难度很大。因此有关建筑和音乐的分析方法实际上并不多。所以，笔者想在本书中着重展开将建筑和音乐联系起来的多种可能性，而不是强行把建筑和音乐放在一个领域中从历史的角度来分析这两者的关系。

笔者整理了历史上人们对研究对象持批判态度的言论的分析，总结出了以下的几种研究方法。

第一，比较时间与空间形式的结构理论。在本书的第一部，笔者针对巴洛克建筑和圣母院乐派进行了分析，同时指出了由此而产生的理论过程。到了中世纪后期，人们确立了空间和时间的基本单位划分，如此反复便构成了建筑与音乐的关系，总算也对基本单位进行了详细的划分。在第二部，笔者所论述的巴洛克建筑时期，时间和空间的空白部分成为讨论的主题。在建筑中，从外侧向内挖掘而形成的建筑物逐渐增多，人们意识到了镂空这样一种建筑手法。而另一方面，在音乐中，从不奏乐的休止符开始的乐曲也登上了音乐的舞台。两者都失去了自我完结这种形式，而是从外部的空间或者不奏乐的空白开始，来完成建筑作品和音乐作品。

第二，以正统的数字比例问题为中心来研究两者关系的意义论。本书的第一部验证了中世纪的象征性功能。然后，在第二部的开头处，笔者举出了文艺复兴时期的实例。在十五世纪，作曲家纪尧姆·迪费为了佛罗伦萨圣母百花大教堂的献堂仪式而写了《玫瑰花将开时》（一四三六年）这首曲子。纪尧姆·迪费还指出，乐曲的构成参照了大教堂的各个比例 [注二十二]。这就是说，以建筑史中文艺复兴时期的最早作品——菲利波·布鲁内莱斯基所设计的大教堂的圆形屋顶为契机，纪尧姆·迪费进行了作曲。

第三，将注意力放在演奏空间上，以音场作为研究主题。这种方法不需要很多的思想跳跃，自然也是将建筑和音乐两者联系到一起的最妥当的方法，例如，剧场理论（音响和平面的问题）。或者可以说利用圣马可教堂的平面设计而在左右两边摆置的风琴，是与维也纳音乐派的二重唱的关系一样的，将特殊的建筑平面与演奏形式联系到了一起。关于以上主题，笔者将在本书的第二部有所介绍。除此之外，十九世纪理查德·瓦格纳与建筑学家戈特弗里德·森佩尔共同构想的节庆剧场——即单纯作为欣赏艺术的场所，也属于此主题。本书还考察了当时由音响空间而产生的巴赫的音乐 [注二十三]。除此之外，音乐环境的概念和音响范围的问题也在研究主题之中。

第四，建筑和音乐的旋律，即将乐谱和图纸作为分析对象进行研究。如何将两者的关系显露出来，对现实中的作品有什么影响，这就是这种方法所关注的问题。本书的第二部以文艺复兴时期的建筑理论和音乐理论为基础，验证了空间与时间的单位。因为这个时期，各个部分的相对关系逐渐移向了具有自律性的单位中。在第三部，列举建筑学家乐库和作曲家埃里克·萨蒂、舒曼，并且将重点放在了侵入乐谱和图纸中的不纯的噪声上。总而言之，就是将现实世界中没有出现的语言印象等用标记的方法来表示旋律中的大转变。亚尼斯·希纳基斯在现代既是作曲家，又是建筑学家，而丹尼尔·里伯斯金曾经向往成为音乐家，从两位的论述中，人们可以看到，为了有新的发现，两位建筑学家构想了乐谱和图纸的新标记法，这样，这种媒介就和现实颠倒了。

还有其他的研究方法和理论。在本书的第二部中，笔者针对风格主义时期（在文艺复兴时期和巴洛克时期之间）也进行了考察，并且指出了建筑和音乐在以下几个方面的共同点。第一，无论建筑还是音乐，它们都是脱离文艺复兴时期常识的实验性质的尝试。第二，它们被认为有依赖其他艺术的倾向。比如说，建筑学是以雕刻为背景的，并且打造了以文学诗歌的语调为优先的旋律。书中列举了在诗歌中所描写的建筑和都市的形象，虽然也有将建筑和音乐衔接在一起的方法，但是更加准确地说，这并不是音乐的问题，而是因为分析的支点被逐渐移向了文学上的想象力。另外，在本书的第三部，笔者考察了建筑学家所设计的莫扎特歌剧的舞台装置。

建筑与音乐

如果加上自我批评的内容，扩大这种分析，认为所有时代的建筑与音乐都有某种共同点，那是很危险的。当然，在某个特定的时代，这种分析是成立的，成为强调某个时代具有特殊性的研究方法。说起来，这个问题本来就是反复出现的。为什么这么说呢？因为上述的讨论是依靠已经存在的概念样式形成的，在各种艺术中被共同使用的样式的想法本身就与时代精神密不可分。因此根据概念样式，就可以发现两者之间的共通性。结果，在追求新样式的时候，反而会强调已经存在的通史。如果进一步深究的话，那么最终会提出这样的问题，样式本身存在吗？所以笔者认为，研究建筑与音乐两者关系的时候尽量不要依赖于样式，而要进行具体的分析。总而言之，就是回避文学上的类比方法，以结构或方法论的分析为目标，注意不要陷入样式是更早出现的这种争论中。

直到现在，研究者都是将建筑作为音乐的隐喻来研究的。但是，没有将两者的关系反过来的说法吗？这种说法当然是存在的。比如将音乐说成是"动起来的建筑"（勒·柯布西耶），"音乐是振动的建筑"（松平赖晓）。例如，据说巴尔托克的曲子正是参照了希腊建筑的比例而作成的 [注二十五]。而且不仅是音乐，在形式上作为隐喻的建筑可能也被人设想到了。例如，就像康德、黑格尔和柄谷行人的争论那样。但不管怎么说，如果从这个角度来看，建筑才是所有智慧的结晶，并且从与其他艺术的关系上来看，建筑与音乐的关系也将颠倒，即建筑占据中心的地位。但是，由于建筑和音乐的关系颠倒，因此建筑失去了可以比较的参照物，只能以建筑本身为模型。最终，也可能出现建筑开始自说自话的情况。

注释:

[注一]John Onians, *Bearers of Meaning: The Classical Orders in Antiquity, the Middle Ages, and the Renaissance*, Princeton University Press, 1988.

[注二] ウイトルーウイウス『ウイトルーウイウス建築書』森田慶一訳註、東海大学出版会、一九六九年。

[注三] アルベルテイ『建築論』相川浩訳、中央公論美術出版、一九八二年。

[注四] アントニオ·マネツテイ『ブルネツレスキ伝』浅井朋子訳、中央公論美術出版、一九八九年、八二頁。

[注五] ジャコモ·バロツツイ·ダ·ヴイニョーラ『建築の五つのオーダー』長尾重武編、中央公論美術出版、一九八四年。オリジナルの初版は一五六二年とされる。

[注六] パラーデイオ『パラーデイオ「建築四書」注解』桐敷真次郎編著、中央公論美術出版、一九八六年。オリジナルの初版は一五七〇年。

[注七] ルドルフ·ウイツトコウワー『ヒューマニズム建築の源流』中森義宗訳、彰国社、一九七一年 (Rudolf Wittkower, *Architectural Principles in the Age of Humanism*, Academy Editions, 1949)。

[注八] R. Wittkower, "Santa Maria Della Salute", *Art and Architecture in Italy 1600-1750*, Pelican History of Art, 1975.

[注九] Deborah Howard and Malcolm Longair, "Harmonic Proportion and Palladio's Quattro Libri", *JSAH*, XLI: 2, May, 1982, pp. 116-143.

[注十] B. Mitrovic, "Palladio's Theory of Proportions and the Second Book of the Quattro Libri Dell'Architettura", *JSAH*, September, 1990.

[注十一] Caterina Pirina, "Michelangelo and the Music and Mathematics of His Time", *The Art Bulletin*, vol. LXVII, no. 3, sept. 1985, pp. 368-382.

[注十二] George L. Hersey, *Architecture and Geometry in the Age of the Baroque*,

The University of Chicago Press, 2000.

[注十三]O·V·ジムソン『ゴシックの大聖堂』前川道郎訳、みすず書房、一九八五年。

[注十四] スピロ·コストフ『建築全史』やジムソンなどの著作を参照。

[注十五]W. Herrmann, *The Theory of Claude Parrault,* London.

[注十六] マルク＝アントワーヌ·ロージ ェ『建築試論』三宅理一訳、中央公論美術出版、一九八六年。

[注十七] 福田晴虔『建築と劇場』伊藤哲夫訳、 中央公論美術出版、一九八七年。

[注十八] アドルフ·ロース『装飾と罪悪』中央公論美術出版。此外，为了考察对同时代音乐的影响，列举了木阪尚志＋上松佑二「アドルフ·ロースのラウムプランとシェーンベルクの十二音技法との関係」(『日本建築学会計画系論文集』 第五九三号、二〇〇五年七月号) 的论文。

[注 十 九]Peter Collins, *Changing ideals in modern architecture, 1750-1950,* Faber & Faber, 1965.

[注二十]『朝日新聞』一九九三年十二月十六日付。

[注二十一] フランク·ロイド ·ライト『自伝』(樋口清訳、中央公論美術出版、一九八八—二〇〇〇年) など。

[注二十二]Charles W. Warren, "Brunelleschi's Dome and Dufay's Motet", *The Musical Quarterly* 59, 1973.

[注二十三]"Music", *Daidalos,* September 1985.

[注二十四] マリー · シェーフアー 『世界の調律——サウンドスケープとはなにか』 鳥越けい子訳、平凡社、一九八六年。

[注二十五]A. C. Antoniades, "Music and Architecture", *Poetics of Architecture,* Van Nostrand Reinhold, 1990.

第一部

第一章 体验空间与时间

艺术的分类方法

如果按照古典的艺术分类方法来看，那么建筑属于空间艺术的范畴，而音乐属于时间艺术的范畴。亨利·谢林说过："音乐的音程是时间上的间隔，但若在建筑里，它就是空间上的间隔了。"就如亨利·谢林所指出的那样，建筑是以空间为契机的艺术，而相对地，音乐则是以时间为契机的艺术。总而言之，一方存在于空间里，一方存在于时间里。建筑在空间中展开的同时，也产生了特有的空间性；而音乐在时间的长河中被谱成曲子，又创造了一种时间性。这样一来，比较分别作为时间和空间存在形式的音乐和建筑就有了明确的坐标轴。但是，时间的艺术不仅仅有音乐，还包括诗歌和戏剧。另外，空间的艺术也不仅仅有建筑，还有雕刻和绘画等许多种类的艺术形式。

其次，如果将艺术分为再现艺术和非再现艺术的话，那么建筑和音乐都属于非再现艺术的范畴。在通常情况下，建筑不像绘画和雕刻那样再现具体的事物，音乐也不像文学那样描写具体的事件。建筑和音乐虽然属于不同的空间艺术和时间艺术，但是两者都属于非再现艺术和形式艺术。建筑和音乐都不是描绘在自然界中存在的艺术对象的再现艺术,而是形式艺术。因此,比起作为时间艺术的文学和空间艺术的雕刻,它们不是更能够直观地表现人类的时间观念和空间观念吗?而且,如果可以设想时代精神的话,那么同时代的时间观念和空间观念不都与"间"这个概念有着不可分割的关系吗?

被人们认为是不同种类的时间和空间,通过把注意力放在形式这一点上,共同的平台就浮现出来了,我们有可能发现它们某种共同的性质。古典艺术将建筑和音乐都划分成形式的艺术,并把两者划分为空间艺术和时间艺术。虽然有人可能对这种分类方法持批判的态度,但是本书暂且以此前提为出发点来进行论述,并且尝试着展开更新的内容。在此之前,存在于空间的建筑和存在于时间的音乐曾被许多人反复论述过。但是,笔者认为将以上的关系颠倒过来,即空间被建筑表现出来,时间被音乐表现出来,而从这种想法出发,有意识地将历史上的材料作为研究对象,这种研究方法几乎还没有人尝试过。总之,建筑和音乐可以成为解读人类对时间和空间理解的工具。

建筑中的时间

建筑中的时间就是人们在鉴赏建筑物的时候,虽然对任何人来说时间都是一样流逝的,但是与听同一首曲子相比,实际上人们在空间里漫步时,按照什么顺序来鉴赏建筑物是自由的。建筑中的时间即使被演绎出来,鉴赏建筑的人的行动也会对此有所影响。并且,音乐中的时间是不可逆的,而建筑中的时间是可逆的。

但不是所有的建筑物都具有时间的可逆性。在这里,我们可以比较一下罗马时期的长方形廊柱建筑中存在的时间性和基督教的长方形廊柱式教堂中存在的时间性。

被称为罗马长方形廊柱大厅的建筑物本来是作为集会场所的（图一），是人们集合在一起进行审判等活动的建筑物。这种建筑物的基本形式是西面被墙围起来，形成一个长方形的空间，在这个空间里排列着支撑顶棚的柱子。入口设置在长方形空间两条长边的中央。而另一方面，基督教的长方形廊柱式的教堂（图二）本来是参照罗马时期的长方形廊柱大厅的形式而建造的，虽然在平面上看起来很相似，但是入口的位置并不相同。因为基督教的长方形廊柱式教堂的入口设在长方形空间的短边，剩下的三边都是封闭的。实际上，由于入口不同，两者从根本上来说，在空间性质上也就不同了。

说起罗马时期的长方形廊柱大厅，"从入口进到建筑物中的时候，建筑物内部的空间就是左右对称的。从迈

图一：君士坦丁的长方形廊柱式教堂

图二：初期基督教的长方形廊柱式教堂（罗马圣母大教堂）

进建筑物的那一刻起，中心点的左右两边就被分割成对称的空间，看起来像是稳定不动的空间"。而说起长方形廊柱式的教堂，从"迈进教堂内部的那一刻起，展现在面前的便是一直延伸到教堂尽头的空间"[注一]。并且，"对于进到教堂里面的人来说，无论是从现实还是从心理上，他们都会迫使自己沿着对称轴的线一直向里走"。基督教将罗马式建筑进行了脱胎换骨的改变，引导观赏者走向教堂的尽头，这是因为空间具有强烈的方向性。可以说，长方形廊柱式教堂极大地限制了人的行动，每一个进入教堂的人都将径直走向祭坛，就连视线也会投向教堂的尽头。在这样的空间中，人们又是怎样体验时间的呢？

一方面，罗马时期的长方形廊柱建筑物是一个自由的空间，观赏者从哪个入口进入建筑物，又朝哪个方向前进，先观赏建筑物的哪一部分，然后再观赏建筑物的哪一部分，这些都是自由的。也就是说，进入建筑物中的人在建筑物内部的活动是可逆的，即时间轴并非只向着一个方向前进。但是，长方形廊柱式的教堂在空间上不是对称的。在教堂尽头的半圆形壁龛处，有神职人员的房间，这是禁止普通信奉者进入的地方。因为建筑制约着参观者不能随意进入其中，所以，他们应该能体验到不可逆的时间。总而言之，在基督教创造的长方形廊柱式的建筑中，人们的活动在时间上是不可逆的。

圆环与直线

这样的不同是怎样形成的呢？并且，这种不同只能通过建筑来表现吗？为了解答上面的疑问，笔者想就希腊文化和希伯来文化中时间性质的不同来进行考察。

在希腊文化中，时间是被作为圆环的形状来考虑的。时间永远都在描绘着一个圆环的形状，所有的东西都会返回到原处。在一个大大的圆圈中，时间在一点一滴地流逝着。在这其中，既没有终点，也没有起点。总之，这里的时间可以说是可逆的。正因为如此，对于希腊人来说，被时间束缚就像陷入了一种奴隶的状态。据说，雅克·阿塔利曾经说过，在希腊文化中，"人类正是为了不让起点和终点连到一起才死亡的" [注二]。

与上述希腊文化的时间观念相比，希伯来文化中的时间概念则呈现出完全不同的形态。在基督教看来，时间并不是圆环形的，而是直线形的。产生这种绝对的观点是基于以下原因，即基督教中规定，作为起点，神创造了世界，而作为终点，结局是已经注定了的，时间就是从起点到终点。时间这支箭是沿着一条直线前进的。希伯来文化中的时间具有不可逆的前进性的特点，与之相应的图形自然就是直线了。由于两者时间观念的对立，希腊的思想和信奉圣经的基督教思想之间起了激烈的冲突 [注三]。到了中世纪，虽然基督教的时间观念也受希腊文化的影响，但基督教最后还是展开了"末世论"对时间的解释，并且逐渐将这种言论渗透到了欧洲社会中。

希腊文化认为时间是可逆的，这种时间观念强调所有的事物都会回到起点。在这样的社会中，即使承认建筑空间中存在可逆的运动性，那也是正常的。但与此相对，基督教认为时间是不可逆的，时间就是结局，即人们要迎着神的到来，沿着直线一直向前走。对于基督教的信徒来说，走向神所存在的祭坛的这段时间也应该被认为是不可逆的。因此，在基督教的教堂中，一条直的不可逆的运动路线才是与基督教的时间观念最吻合的。

人类与世界

在空间和时间的概念上，也反映出了不同文化领域所持有的世界观。曾经，对于古代的日耳曼人来说，世界就是人类和时间的组合体。这里的世界就意味着人类的时间。而空间的延伸则是通过人类拥有的时间来计算的。例如，计量走了多远的单位，同时表达了空间的距离和时间的长短。当然，不同的人走路，其步伐大小也会不同。总而言之，当时的时间和空间是人们直接体验的结果，而不是像现在这样是抽象的概念。两者总是和具体的各种各样的生活联系在一起。

在亚洲的汉语言文化圈中，"时间""空间""人间（日语）"三个词语中都有一个"间"字，其实这里有很深的意义。"时间"和"空间"，乍一看是不同维度的概念，但是从计算"间"这一行为来说，它们又具有相同的性质。另外，"宇宙"就意味着有秩序的全世界，这个词语也是空间与时间统一后的产物，即表示从过去到现在的所有时间的"宙"和表示上下四方所有空间的"宇"组成了"宇宙"这个词语。似乎不论在西方还是在东方，空间和时间在本质上都有很深的关系。我们可以认为，任何一方都从根本上反映着相同性质的物质。

关于空间和时间，笔者并没有对所有的文化圈进行调查。但在大多数场合下，对空间意识的表达方法也可以用作对时间意识的表达。当然，不同的文化圈，人们对空间和时间的意识也是多种多样的。不管怎么样，笔者认为：一定的意识和思考模式不也是对时间和空间同样的表达吗？本书正是以这一假说为思考方法进行论述的。

如果算上建筑史和音乐史的意义，那么也许就会变成这样的问题，即"将某一时代、某一地区的人们对时间的感觉用在空间上，也有可能同样被承认"。正因为有了上述的思想意识，所以才会有空间中的建筑和时间中的音乐这两种艺术形式的出现。

在音乐中，与空间单位和形式相对应的又是什么呢？在研究这个问题的时候，关键点就是与时间概念息息相关的节奏。但是，准确地给它下定义，如给建筑中的空间下定义一样，实际上是很困难的。节奏一词的词源是希腊语的"rhythmos"，是由"rheo"和"rhein"这两个表示"流逝"的词语组成的。所以，虽然说节奏原本是动态的，但是因为与诗的韵律密不可分，节奏就具有控制和调整的功能。总而言之，节奏就是系统化了的时间的流逝。如果将问题放大进一步解释的话，那么节奏也表现着乐曲的整体结构。由于文化圈的不同，人们对节奏的认识也会不同。比如说，直线形的节奏、圆环形的节奏、复合的多旋律，以及在音和音的间隔中放入休止符以获得在时间上有秩序的节奏。另外，还有和身体的动作相关的节奏，比如，偶数和奇数的节奏、附加的和分割的节奏、跳跃的节奏及平稳的节奏等。在反映各个时代和不同地域的时间概念时，也存在着人们对音乐产生的多种多样的意识形态。

在本书中，笔者将节奏定义为"将时间系统化了的形式"。这也可以说是在时间轴上有秩序的回归现象。音乐的节奏也表现了时间的概念，它不仅被用在时间艺术上，也常常出现在空间艺术里。如在视觉艺术的场合，当指明"将空间系统化了的形式"的时候，也可以称为节奏。节奏这个词在空间的语言中也是有效果的，笔者对这一点非常感兴趣。就像前面所提到的那样，因为时间和空间反映着同一种意识，所以通过了解音乐的时间，也可以理解同一时代、同一地区的建筑空间。总而言之，为了了解建筑的空间，也可以通过研究音乐的时间这一方法来实现。反之也是这样，为了了解音乐的时间，就必须考察节奏的具体结构。当然，对于建筑的空间单位和形式也要进行相应的验证，再与从音乐方面得到的知识相对照，就可以加深对建筑和音乐这两者的理解。

体验作为空间的音乐

关于在建筑和音乐中的空间和时间这一问题，让我们通过具体的体验来进行考察。

海因里希·沃尔夫林将心理学导入了艺术理论，并在此基础上讨论了心理学从建筑和音乐中受到的影响 [注四]。我们在不经意间从建筑空间里感受到了许多音乐要素，即旋律和律动；相反，我们也在听音乐的时候，在流逝的时光中体验到了建筑的秩序性。另外，在听音乐的时候，乐曲的旋律总是在不断变化，因此我们能感觉到其中的动感。如果仔细听旋律，就会发现音乐的动感是音时高时低不断变化的一个连续的过程。将这样的几个音重叠起来，便谱成了乐曲。同样，建筑的空间结构会形成一定的形状，直线的柱子和曲线的柱子有的粗，有的细，粗细不同的柱子就构成了平面。我们也可以将其看作一个不断变化的过程或者一系列的持续运动。

然而，我们真的能听得出音程的高低不同吗？我们经常会说"音再高一点"或"音再低一点"。但是就是因为音在五线谱上的上下位置与音的高低是息息相关的，所以人们才会认为音调的不同就是音的高低不同。事实上，在古希腊，人们并不把音调的不同看作音的高低不同，而是将其看作声音的尖和钝，或者声音的重和轻；将西欧音乐的乐谱给小孩子看的时候，人们也不把音调的不同称为高低不同 [注五]。我们如果这么考虑，那就像描写具体物体的形状那样，也可以把音乐给人的印象比作相应的形状，也就是所说的通感。

通过体验由物质组成的空间，我们会发现空间会给人们留下固有的印象。鲜红的色彩、圆形的物体、细长的形状给人们留下了各自不同的印象，并且，广阔的大草原让人们感受到无拘无束的感觉，而小小的玻璃工艺品则给人细腻的感觉。那么，如果不是眼睛看到的形状，而是耳朵听到的声音，又会产生什么效果呢？例如，大号的低音会让人觉得声音浑厚粗犷；听到小提琴的高音，人们会觉得这种声音又尖又细，从而联想到针。

人们欣赏音乐作品或者体验音乐，就是人们的意识在体验音乐的空间感。那么，音乐的空间感又是什么呢？如果将悦耳动听的声音比作某个物体，那么旋律就是此物体的变化和运动。人们听着通过组合旋律而成的乐曲时，可以从每个音的变化运动中对此乐曲形成某种固有的感知。先不论演奏形式，我们有可能从进行曲中感受到欢快活力，也有可能从小调这样的曲子中感受到一丝寂寞。但是在中世纪，宗教音乐中还没有我们所熟知的大调和小调，所以我们可以推测当时的人们欣赏音乐的这种活动，与其说是从旋律中感受音乐的氛围，不如说是单纯地从音色、音调、节奏中强烈地感受音乐 [注六]。所以，当人们听中世纪的宗教音乐时，会感觉到音乐就好像拥有了形状一样，给人们"厚重"或者"纤细"的印象。并且，音的重叠也形成了由音构成的空间，即人们对音乐的体验也是一种对空间的体验。在此意义上，体验音乐也类似于体验现实存在的空间。

罗马式的建筑与音乐

基于上述研究，我们试着比较一下罗马式建筑和音乐中的空间性。

《格列高利圣咏》这首歌，旋律缓慢，全员都能在同一旋律上唱这首歌，因此给人安定的感觉。另外，不仅拍子舒缓，而且从旋律上来看，从音到音的跳跃也比较平缓。这首歌一般情况下都是二度的，即从一个音移到相邻的音的时候会发生变化，因此，其主旋律本身就好像是一条稳定的弧线 [注七]。总而言之，在《格列高利圣咏》这首歌中，无论是拍子还是旋律，都有很多静止的因素。

从这样的音乐中，我们能感受到怎样的空间呢？如果唱歌的都是男性，即声音很低，那么我们感受到的应该是"安稳""厚重"的感觉；如果是很多人一起唱同一个音，那么声音的重叠也会给人们"厚重""粗犷"的印象。缓慢的拍子让人觉得安定，音乐的旋律从低音开始，缓慢地上升，经过短暂的停歇后，又缓慢地下降。如果将曲子比成具体的形状，那么缓缓划过曲线的弧形是最合适不过了。

图三：罗马式建筑（圣切诺教堂）

这种曲子给人的印象和初期的罗马式教堂非常相像（图三）。罗马式教堂中排列着朴实而粗大的柱子，在柱子之间的空隙中又设置了窗户。这是由石头建成的带有厚重感的建筑，顶棚也比哥特式建筑低。这样朴素的建筑不仅不会给人压迫感，也不会限制参观者进入教堂后的活动路线。但是，教堂中的空间有一种静静地向祭坛延伸的感觉。这正像是《格列高利圣咏》的稳定旋律一样，给人"低""粗""重"的印象，这也与教堂中粗大的柱子给人的感觉一致。朝着祭坛一直走进去，就会看到一个大大的连拱廊的拱门，拱门的线条非常流畅。这扇拱门可以与由《格列高利圣咏》联想到的弧形重叠到一起。由一个声部演唱的圣咏音域是很窄的，这和初期罗马式建筑空间中不是那么高的顶棚给人的印象应该是一样的。没有用装饰音演唱的《格列高利圣咏》的旋律，虽然形成了朴素的音乐空间，但是可以说这种朴素和初期罗马式建筑空间的性质是一样的。

注释:

[注一] 高階秀爾『芸術空間の系譜』鹿島出版会、一九六七年、八四頁。

[注二] ジャック・アタリ『時間の歴史』蔵持不三也訳、原書房、一九八六年、二九頁。

[注三]O・クルマン『キリストと時』前田護郎訳、岩波書店、一九五四年、三六頁。

[注四] ハインリッヒ・ヴェルフリン『建築心理学序説』上松佑二訳、中央公論美術出版、一九八八年。

[注五] 国安洋『音楽美学入門』春秋社、一九八一年。

[注六] P・H・ラング『西洋文化と音楽 (上) 』酒井諄 + 谷村晃 + 馬淵卯三郎監訳、音楽之友社、一九七五年。

[注七] D・J・グラウト『西洋音楽史 (上・下)』服部幸三 + 戸口幸策訳、音楽之友社、一九六九 / 七一年。

第二章　哥特式建筑与圣母院乐派

关于问题的框架

中世纪后期，在法兰西岛上出现哥特式建筑的同时，巴黎圣母院乐派也诞生了。哥特式建筑是指以苏热院长着手动工的圣丹尼教堂为代表的建筑样式，而圣母院乐派则是指由活跃在巴黎的圣母院大教堂的作曲家兼风琴演奏者莱奥南和佩罗坦等人所完成的音乐样式。在音乐历史上，人们通常将这个时代与巴黎圣母院教堂的建设年代（一一六三至一六五〇年）看成是一致的。总之，人们在中世纪的城市中建造哥特大教堂的时候，也正是新音乐诞生的时候。建筑和音乐发生革命性改变竟是在同一时间、同一地点，难道这只是一种巧合吗？或者说这是历史的恶作剧吗？

圣母院乐派被称作"飞翔着的哥特式教堂"（皆川达夫），而哥特式建筑又被称作"用石头打造的巨型交响乐"（雨果）[注一]。这不是以单纯的比喻结束的，而是把这种想法看作在同一种精神下孕育出的思想产物。这里并不是只关注表层的各种特征，而是研究两者都具有的结构原理，换句话说就是造物的理论。如果还原到理论层面，那么这个范围并不仅仅涉及建筑和音乐，也与中世纪后期人们的思维方式有关系。如果将范围进一步扩大到历史上，也许就能研究时间和空间是怎样变革的。

在开始分析具体问题之前，笔者想先明确自己的立场。

在古典分类方法中，建筑和音乐都作为形式艺术，分别属于空间艺术和时间艺术的范畴。以此分类为前提，我们可以认为，人们对时间和空间的认识表达了当时的某种思考模式。也就是说，时间和空间反映了同样的思考方式。这是笔者对这一主题的基本想法。

接下来导入历史上的发展框架。即以中世纪后期的法兰西建筑和音乐作为对象，分析其构造方法和象征性的机能。在其中，笔者将要特别考察人们在创造两者之初的创造精神。这是在本章设定的命题。各种文字说明并没有依赖哥特式建筑和圣母院乐派等的样式名称，但是也进行了以下的基本定义。

- 时代：以十二世纪之后和整个十四世纪为对象。
- 地域：当时作为法国政治、经济、文化中心地的巴黎周围。
- 建筑：当时建成的城市的主教教堂。
- 音乐：在教堂中新演奏的宗教音乐。

研究的地域是以巴黎为中心，方圆一百英里（约161千米）以内的地域范围；研究的时期将特别注重一一六〇至一二五〇年这段时期。具体研究的建筑以拉昂、巴黎、沙特尔、兰斯、亚眠这五个地方的教堂为中心。但是，为了研究哥特式建筑的改变，笔者还想将法国以外的建筑案例作为素材来参照。关于研究的音乐，以圣母院乐派为主。不仅分析圣母院乐派产生前期和发展后期的音乐，还研究受宗教音乐技法强烈影响的风俗音乐。因为演奏出来的音乐和建筑不同，不会留下实物，所以，对于音乐的研究对象，在现阶段也只能局限于从乐谱中获取知识这一方法。另外，在中世纪的音乐理论中，形而上的音乐也将作为考察的对象被包含在研究之中。

笔者想重新说明一点，本书对建筑与音乐的研究并不是对历史的证明。本书终究只是运用了历史的框架来设定研究的时代和地域，由此呈现的是一种思考验证。也可以说，通过在试管中将建筑和音乐形式化，还原可以用来比较两者的实验材料这一方法，来研究建筑和音乐的关系。研究结果将产生一种现代的哥特式建筑理论。

在正文中，音乐是研究建筑的历史材料，而建筑也将作为研究音乐的历史材料，两者之间存在着这样一种互补关系。建筑以实物的形式继续存在，但保留下来的图纸几乎寥寥无几；音乐虽然保留着乐谱，但是声音的形式会立刻消失。总之，两者就是补充对方所失去的状态。或者，以音乐为基础提取思考模式来考察音乐的构成；反过来，从建筑史的角度来解读音乐史，用音乐来理解建筑。总之，一般情况下，中世纪的音乐著述都是从空间这一角度重构的。最终我们可以尝试动摇已经存在的对哥特式建筑的解释。

关于哥特式建筑的理论

我们先来看一下被称作"时代精神"的思考方式。关于美术史的研究方法，人们会想起以维也纳学派的历史观为基础的德沃夏克时代精神，或者是帕诺夫斯基的"精神习惯"[注二]。前者论述详细，给人留下了深刻的印象。并且，前者提取了后者的方法论当作参考。笔者就是受到了米歇尔·福柯所说的知识（这里指的是与臆断相对立的学问性知识或学问）和托马斯·库恩的范式（在某个时代或某个集团中占统治地位的观点和想法）的启发，萌生了想要探求时代的理论模型的想法。即找出某一时代不同领域所共有的思维方法。假设相同的系统也能通过相同的方式反映时间和空间。如果某时期的思考方式是无意识地表现出来的，那么就无须证明建筑和音乐之间直接影响的关系。

　　事实上，历史上对建筑和音乐的研究都缺乏实证性，虽然很多建筑类的书被保存了下来，随处可见关于文艺复兴时期的比例论研究，但是吉姆森的《哥特式大教堂》一书提及，哥特式建筑也象征性地运用了音乐上的数学比例。笔者还是会以音程的比例理论为中心课题，但是作为对未来的展望，笔者还会将时间的比例，即节奏的问题作为考察对象来研究。另外，迄今为止的研究都偏重于建筑和音乐的词语意义。因此，本书的特点就是在研究节奏问题的同时，重点分析建筑和音乐的构成原理。

　　说起哥特式建筑理论的起源，就像乔治·瓦萨里所说的那样，可以追溯到文艺复兴时期，当时人们将哥特式大教堂恶意形容成哥特式建筑 [注三]。在这之后，除去实证性的研究以外，代表理论有维奥莱 - 勒 - 迪克的功能主义解释，以罗斯金、普金为代表的逻辑性解释，威廉·沃林格尔和卡尔·弗里德里希·辛克尔等表现民族性的哥特式建筑理论 [注四]。但是，根据大卫·沃特金所指出的，无论是哪一种理论，它们都只是反映了某种意识形态而已，不能说是完全独立的研究 [注五]。

　　二十世纪，以记述哥特式建筑自身为对象的空间特性的研究登上了历史舞台。例如，汉斯·杨臣和德沃夏克注意到了哥特式建筑中光壁的特性，弗兰克哥对特式建筑进行了形式分析，约翰·萨莫森和帕诺夫斯基等人也研究了哥特式建筑形式的问题 [注六]。在日本也有哥特式建筑的理论，前川道郎所提出的哥特式建筑的空间论是非常重要的，但是他也提出了反论，即从兰斯的教堂中可以看出哥特式的古典建筑形式，所以不能否定具有现代观点的空间理论是有界限的 [注七]。另一方面，汉斯、吉姆森、施莱瑟等人虽然尝试对哥特式建筑进行象征性的解释，但总的来说，他们大多数是从空间上的光亮问题和空间的垂直性来论述哥特式建筑特性的 [注八]。

笔者想在本书中联系音乐的相关知识，从不同的角度来论述哥特式建筑的其他特性。此刻，本书在先行研究中也受到了约翰·萨莫森的建筑理论、吉姆森的象征理论及帕诺夫斯基的通过其他媒介反映建筑特性的《哥特式建筑与经院哲学》等众多建筑理论的影响 [注九]。帕诺夫斯基论述了经院哲学与哥特式建筑的关联性，并且指出了明了性原理和两者友好原理等两者共有的特性。哥特式建筑被称为"变成石头的经院哲学"，这不仅是一种比喻，而且被评为最早的正式挑战。笔者也站在同一出发点上，认为不能只满足于"凝固了的音乐"这样的赞美之词。音乐能够将形式清楚地记录下来，但与音乐相比，从建筑的形态论中是不可以除去任意性和模棱两可的暧昧性的，在这种情况下，通过音乐揭秘建筑的做法绝对不是徒劳的。

增殖的理论过程：特洛普斯的中世纪音乐

在中世纪的音乐中还有一种特洛普斯音乐手法，即在现有的《格列高利圣咏》的基础上，加入各式各样的歌词、旋律等。例如《主啊》与《主啊，特洛普斯》这两首曲子，如果对它们进行比较，我们就会发现后者不仅保留了原来的音的动态，同时还插入了新的歌词［图一（一）、一（二）］。总而言之，这就是单纯加入歌词的特洛普斯手法。通常情况下，特洛普斯在原来曲子结尾的装饰音部分加入歌词，但是在《主啊》这首曲子的正中央加入了用来解释原歌词内容的新歌词，此做法可以在下面的概念图中清晰地看出来［图二（一）、图二（二）］。

　　这就是音乐中的语言结构，也可以说是增加了语言能力的因素。另外，笔者还可以举出只增加了旋律的音乐的例子。在大多数情况下，这些音乐都是在固定的地方作为装饰音附加了特洛普斯，这也是所谓的时间结构上的一种延伸。而且，如果在已经存在的音乐中加入新的旋律和新的歌词，那就成了在语言结构和时间结构两方面对音乐进行两种特洛普斯的复合操作。在九

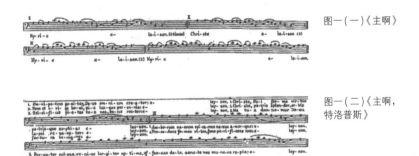

图一（一）《主啊》

图一（二）《主啊，特洛普斯》

概念图
［图二（一）]W-R-I-G-H-T（原来存在的旋律）
［图二（二）]W-R-I-A GREAT ARCHITECT-G-H-T（根据特洛普斯的手法插入新歌词）

世纪，特洛普斯对《格列高利圣咏》的添加是在阿尔卑斯山脉以北的地区才有的，笔者对此非常感兴趣 [注十]。这种情况在北方是由音乐引发的言语结构解体，以形式和抽象为优先也是中世纪音乐的一个特征。

在音乐史上，特洛普斯音乐形式是以最基本的定义为准的。并且，中世纪的其他音乐形式，比如说继抒咏、典礼剧也可以看作是由特洛普斯产生的音乐形式。在前者的音乐形式中，音是成对的，并且自由地排列着，虽然前后都加入了自由的引导词和结束语，但是因为在原赞美歌的最后一个母音的长装饰音上加入了歌词，所以也可以将其理解为特洛普斯的一个特例。也可以将典礼剧看成由继抒咏形式的延长而产生的音乐形式，是从十世纪特洛普斯开始发展以后才出现的，也有不少研究者对典礼剧进行了研究 [注十一]。而且，无论是典礼剧本身还是舞台设置，都具有附加性这一特点。最初，典礼剧是从朴素的提问和回答产生的，随着发展，其中渐渐地增加了场景，出场人物也逐渐增多。最后，到了十五世纪八十年代，在匈牙利上演《受难复活》剧的过程中，公演三天后，有台词的演员就到了一百八十七位的规模 [注十二]。

笔者将附加性作为中世纪音乐的特征，通过长期以来的音乐史对特洛普斯概念的扩大，来尝试说明圣母院乐派成立的原委。总而言之，以后的中世纪音乐也是由所有特洛普斯音乐形式的变形发展而来的。

二重唱是指相对于单一旋律的圣歌来说，加入了几种新的旋律而形成的音乐形式。这也可以同时被称作特洛普斯，不是将不同的要素按照水平方向相继插入音乐当中，而是以垂直方向同时插入音乐的特洛普斯。图三（一）、图三（二）、图三（三）表示的就是将后面的特洛普斯放到前面来，从而形成

概念图

[图三（一）]A-B-C

[图三（二）]A-B-C-D-F-F(原本位于后面的特洛普斯被放到了前面，就成了图中的效果)

[图三（三）]D-F-F(同时附加上的旋律：升调)

A-B-C(原本存在的旋律：降调)

了两个声部同时进行演唱的二重唱。

　　与二重唱相关的最古老的理论作品就是胡克巴尔特在九世纪后期所写的《音乐提要》，书中提出二重唱就是和前面提到的特洛普斯在同一时期出现的，这恐怕不是巧合。二重唱和特洛普斯这两种音乐形式乍一看好像是不同的，但实际上从附加这个角度上来看，两者有着共通的原理。

　　如果二重唱是由两个声部形成的，那么不仅有四度、五度、八度等相互保持一定音程的平行特洛普斯，还有相互作用产生动感的自由特洛普斯。接着，二重唱发展成了三声的特洛普斯和四声的特洛普斯。

　　如果将特洛普斯当作一种附加原理，那么圣母院乐派就是通过特洛普斯的重叠而产生的。原本只是在单一旋律的《格列高利圣咏》中加入了作为高调的新旋律，到了十二世纪，原本的单一旋律《格列高利圣咏》就变成了由莱奥南创作的二重唱《大地上所有的国家》[图四（一）、四（二）]。到了一一九八年，佩罗坦又对其进行了改变，在《大地上所有的国家》中，改成了四个声部同时演唱的音乐形式 [图四（三）]。这仿佛是除去了莱奥南在音乐中附加的高调，在原有的单一旋律上又加上了三个声部。总之，原本旋律单一的《大地上所有的国家》这首曲子，不断地被加工，最终成了多重

图四（一）：《大地上所有的国家》之单旋律《格列高利圣咏》

图四（二）：《大地上所有的国家》莱奥南创作的二重唱

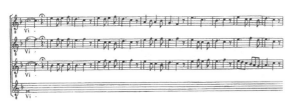

图四（三）：《大地上所有的国家》佩罗坦创作的四重奏

的四个声部的复调音乐。

经文歌原本是由法语的"词语"(mot) 或"诗句"(motet) 得名的，在二重唱的声调上加入了歌词，从而形成了初期纯粹的特洛普斯式。因此，经文歌从语言结构上来说也适用于附加的原理。在最初只有拉丁文的歌词上，同时加入了法语的解释，于是成了这样一种乐曲形式。后来，语言的组合越来越多样化，到了十三世纪，开始流行只有法语的世俗的三声部经文歌。概念图图五可以说是高音部和低音部的语言结构不同的二重唱。

中世纪的音乐，无论是在时间横轴上还是竖轴上，都适用于附加的原理，

概念图

[图五]la-i-to(light)(经文歌：升调)

W-R-IG-HT(经文歌：降调)

也就是说是在发展理论的过程中形成的。结果，圣母院乐派具有相对开放的结构，即音乐的每个部分都可以被拆下来。实际上，佩罗坦在改变莱奥南的曲子时，就利用了音乐的结构可以交换的特点。经文歌也可以交换各部分的歌词，并且添加一些新的内容。这就是乐曲的演奏性，灵活的结构可以根据功能、用途、祭祀仪式的不同产生相应的变化。

实际上，这也是与在此之后的多声部音乐有着本质不同的地方。多声部音乐的各个声部作为整体的构成部分是统一的，相互之间的关系恰如其分。因此，每个声部都应该是乐曲的一部分，并且应该可以被感知，不能轻易地增加或减少某一部分。与之相对，在中世纪后期的音乐中，没有从整体上规定音乐的各个部分，因此也没有要求使各个部分统一。

然而，所谓二重唱，正是音乐真正获得空间性的音乐形式。为什么这么说呢？因为音乐从单一旋律到两个以上的旋律以后，就产生了这样一种意识，即音乐不仅扩展到了时间轴上，而且扩大到了别的维度上。圣母院乐派表现了几乎没有变动的男高音与升调的高音部之间的对照关系。和哥特式建筑第一次实现在水平方向和垂直方向延伸的内部空间一样，在音乐中也产生了垂直性。中世后期建筑和音乐的绝对高度是被世人所公认的。

增殖的理论过程：开放结构的哥特式建筑

在初期，从代表哥特式建筑的五个大教堂——拉昂大教堂、巴黎大教堂、沙特尔大教堂、兰斯大教堂、亚眠大教堂——的建造过程来看，虽然几度更换了建筑师，但是他们总是在重复地进行扩建和改建。这通常说明了社会、政治、经济背景以及功能的改变等，实际上也是如此。但是对此还可以进行完全相反的解读。以上对建筑物的改造，正说明了哥特式建筑具有开放的结构，使各个部分可以比较容易被替换。总之，这样的建造过程恰恰反映了结构上的特性。

比如说，拉昂大教堂就在一二三〇年的时候将东侧的半圆形壁龛拆掉了，增加了一个间隔，将祭坛附近改建成了矩形的空间。那时，还沿着外墙增建了飞梁，从十三世纪开始到十四世纪还增建了许多侧廊。另外，在巴黎大教堂中，虽然在一二二〇年完成了教堂的中殿，但是在一二四〇年的时候分别将中殿隔壁的小祭祀房间和交叉廊向南北各扩大了间隔，到一三二〇年增建了放射状的祭祀室，正好在周围扩大了间隔（图六）。在当时，完全属于新动工的教堂还很少。沙特尔大教堂地下室的一部分就被保留到了高卢罗曼时期，中殿的部分利用了从九世纪到十一世纪一直存在的地下室。兰斯大教堂也是以罗马式的结构为基础建成的。

在沙特尔大教堂的正西面，中央三连窗以下的部分是罗马时代的，南

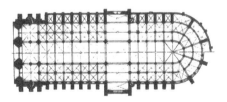

图六：巴黎大教堂。上半部分为增建后的平面图，下半部分为增建前的平面图

图七：沙特尔大教堂。西正面

塔建于一一七〇年，北塔建于一一五〇年，教堂的顶部则是十六世纪的（图七）。而在亚眠，大教堂西正面在十三世纪三十年代更改了设计，新增加了各个国王的肖像画和中央的蔷薇窗户，在十四世纪后半期增加了南塔，在十五世纪初期增加了北塔。沙特尔和亚眠大教堂的双塔结构虽然不是左右对称的，但是最低限度地遵守了正面三分割的建筑原则。也就是说，每个塔作为现有建筑物的附加物，但又有很强的独立存在性。兰斯大教堂也有断层，塔在一二四一年建成了第二层，一三五〇年建成了第三层，到一四七五年才建成了现在的高度。

图八：彼得伯勒大教堂

这是英国的彼得伯勒大教堂，它的正西面是一层建筑，还有象征着通往天堂的三连拱门（图八）。这样奇异的建筑结构可以说是将巴黎圣母院大教堂的第二层和第三层拆掉后的建筑物。通常，作为建筑第一层的部分都会显得非常宽广，并且构成了建筑物的整体。这也是设计师为了使哥特式建筑具有开放式结构的独具匠心。

拉昂、巴黎、兰斯的大教堂本来打算在钟塔顶部盖上尖屋顶，但是如果没有尖屋顶，就算是呈现一种未完成的形态，最终看上去也不会有不和谐的感觉。而且，按照计划，本来要在拉昂、沙特尔、兰斯分别建七座塔、九座塔、七座塔，尽管没有完成，那也没有关系。也就是说，它们最终失去了完整的建筑物。哥特式经常是指在建筑的过程，而且是在哥特式建筑的建造过程中，设想具有更多动态的模型是非常有必要的。

　　与一般的古典主义所持有的建筑造型原理相比，这是完全不同的想法。即不追求完整的理想造型，而是容许不合逻辑或者没有完成的造型的存在。过去的建筑理论总是拘泥于美的问题，有时甚至还会批判哥特式建筑，但其实问题恰恰出现在建筑构成的原理上。与要求各部分关系紧密、匀整的法则相比，哥特式建筑具有能够将各部分有机交换的系统，这点是很重要的。可以说在这个时代，建筑和音乐都具有能够根据功能来改变形式的开放结构。

　　音乐学家库尔特·萨克斯曾经指出，在巴黎大教堂中，窗口上挂着各个国王的肖像，在肖像对面、左、中、右方位上的雕刻品数量分别是八、九、七，这表现了哥特式建筑的附加性特点 [注十三]（图九）。据库尔特·萨克斯说，这里的雕像是后来添加的，几个雕像组成一个雕像群组横穿正面排列。不管怎么说，我们得承认，雕刻品数量的不同证明了哥特式建筑物的附加性。与此同时，巴黎的圣母院大教堂也有三个大小不同的正面，此处排列着很多雕

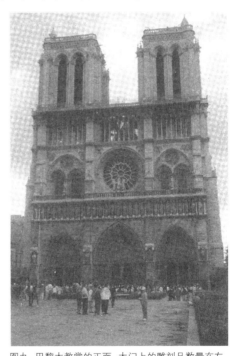

图九：巴黎大教堂的正面。大门上的雕刻品数量在左、中、右方位上各不相同

塑。笔者对沙特尔大教堂的三叶形建筑空间也非常感兴趣。三叶形空间中排列的拱廊开口数量，在每个部分都有所不同。西侧有三个，后面有四个，祭坛附近有五个，这也表现了每个部分强烈的附加性。这个时期的建筑注重每个部分，而不是从整体出发。

如果与之前的时代相比，那么就不得不承认哥特式雕刻在造型方面也具有附加性。美术史学家福希庸指出，罗马式雕刻有着"法则的框架"。也就是说，模仿结构物体的大概轮廓就可以进行雕刻。例如，在圣拉扎尔大教堂中夏娃的形象，就是通过侧脸、身体前倾、脚的侧面表现出来的。将夏娃塑造成这样的形态，也是因为作者希望在雕刻规定的范围内，尽量展开作品所要表达的中心思想。一方面，关于哥特式雕刻的特点，我们可以列举出写实性和独立性这两点。在遵守罗马式的"法则的框架"的基础上，如果将哥特式雕刻作为相对的概念进行评价，那么哥特式建筑就是不拘泥于模仿建筑的轮廓，而是对塑造的物体不断附加新的创作 [注十四]。

就像历史学家豪辛格所指出的那样，"无论是高还是低，都是同一种思维定式的表现"，中世纪人们的思考方法可以从哲学、艺术、文学、话剧等许多方面表现出来 [注十五]。例如，维拉尔·德·奥内库尔的画册中有许多连着的不同的写生图片，杨·凡·艾克的画中细致地描绘了一片片树叶及车上的移动式舞台 [注十六]。不仅如此，在文学中也有事物相继出现的结构手法 [注十七]。无论是文学作品还是宗教剧，故事的发展都连接成了一条线，戏剧的剧情并不是统一的，而是并行的。每个部分、每个空间都需要一定的时间去表现。

附加的基本单位：由调式和节奏构成的时间单位

十二世纪后半期出现的圣母院乐派与之前的音乐具有本质的不同，那就是在圣母院乐派中首次引入了被称为调式和节奏的时间单位。不论是过去的《格列高利圣咏》，还是重唱，都没有一种有规律的节拍，完全是散乱的自由节奏，没有成单位的节奏结构。调式和节奏就是指，由长短两种音值组合而成的六种形式，无论哪一种形式都是以完备数的三拍作为基础的（图十）。例如，《大地上所有的国家》这首曲子的时间结构，无论是用哪种调式和节奏来自由组合，最后得到的各种曲子都有一样的结构。总而言之，圣母院乐派就是以调式和节奏为基本的时间单位而连接成的不间断的反复的曲子。通过直线增加不断重复的基本单位，音乐就好像朝着教堂的祭坛方向前进一样。

如果考虑演奏的技术层面，那么一旦多声部音乐发展到了一定程度，也必定面临着时间单位这一问题。如果是单一旋律的音乐，那么即使是自由即兴的节奏，也不会出现两种不同的音发生冲突的情况，但是对于二重唱就

图十：调式与节奏

必须意识到两种以上的声部之间的关系。为了规定声音的动态，我们必须将节奏系统化。九世纪以来的二重唱有了飞跃式的发展，但要想完成圣母院乐派的音乐样式，无论如何也必须等到"时间的基本单位"出现。

圣母院乐派从以前就一直使用纽姆谱来记录音乐，纽姆谱不同于现在的乐谱，因为纽姆谱基本上只记录旋律的上下方向。因此，纽姆谱中没有将每个音分节进行定量的音符。在中世纪，由于对均等时间的意识还比较淡薄，也没有标记绝对高音，所以音乐中的空间性也就没有被确立下来。总之，纽姆谱就只是抓住几个音，然后把它们记录成同一记号的乐谱而已。如果时间概念是从记乐谱的方法这一视觉侧面表现出来的，那么纽姆谱的形状也就是模仿乐团指挥的动作，笔者对此非常感兴趣。人类的动作在表现音的变化的同时，也意味着时间的单位。另外，纽姆谱的各种名称都是来自古代语法的各种用语，而且还证明了节奏与语言、诗歌的韵律有着很深的关系。

十六世纪出现了时间的单位，但最初只是规定了将一小节作为一个整体来有规律地分割曲子。一方面，纽姆谱只是一味地把节奏都加在一起，《格列高利圣咏》中的几个音也发生了变化。中世纪的音乐从纽姆时代开始，本来就有一种节奏结构。而且，人们在圣母院乐派成立之后才确立了时间的基本单位这一概念。但是从在音乐上附加单位的意义上来说，这和以前没有不同。然而，基本单位的诞生还是很重要的，这表明时间可以不依赖身体的运动和诗歌的韵律等其他要素而独立存在，这也是具有自律性的时间首次出现的时刻 [注十八]。

在当时的巴黎，人们对音乐的节奏，不，应该是对时间的概念问题进行了最激烈的革命。在圣母院乐派的音乐中，许多音乐都适用于具有体系的时间结构。就在新的时间概念将要诞生的时候，在同一地点，人们对空间概念的理解发生了巨大的变化。

附加的基本单位：间隔系统的空间结构

哥特式建筑的基本单位"间隔"可以这样定义，即由四角的柱子或附带的束柱、肋骨拱包围而成的长方体空间，也就是视觉上所强调的构造。由"间隔"体系的组合，即将基本单位进行重复就构成了哥特式建筑的空间结构。自古以来的哥特式建筑理论有很多都是将其作为象征性特点而论述的。例如，汉斯解释了哥特式建筑是由发光的墙壁和华盖构造成的。华盖体系就是将"间隔"比喻为华盖。除了汉斯赋予"间隔"以象征性意义，在形态处理方面，它与本书的论题基本一样。

根据"间隔"，人们首次确立了建筑物各部分的均等性。罗马式建筑经常使用中殿、侧廊、交叉十字殿等各种各样的结构形式。而与之相比，哥特式建筑则以均等的"间隔"单位来构造建筑物。在初期的拉昂大教堂和巴黎大教堂中，肋骨拱下面的束柱将柱子头部截断了，看起来还是未完成的，并且在建筑物的内部还混乱地排列着四分拱和六分拱。到了哥特式建筑的兴盛时期，沙特尔、兰斯、亚眠大教堂的束柱都从柱子的根部开始向上建造，即使是从立面上看，每个单位也被明确地区分开来，这就完成了前文所说的对"间隔"的定义。并且，大部分的建筑物都使用了四分拱以保证各部分的均等性。帕诺夫斯基也从经院哲学相同部分的原理出发，指出哥特式建筑的各个部分是通过肋骨拱这种建筑形式统一起来的 [注十九]。

肋骨拱本身除了出现在古罗马之外，还早就出现在了北非初期伊斯兰建筑的半圆形屋顶结构中。但是肋骨拱彻底地成为结构形式而被运用到建筑物的整个体系中，无疑还是从哥特式建筑开始的。在以前，曾经有一段时期强烈推崇肋骨拱结构在结构建筑物上的重要性，但这种说法到现在也没有被普遍认可 [注二十]。或者说，就像约翰·萨莫森所主张的那样，这个问题必须在视觉上也得到其相应的解释 [注二十]。

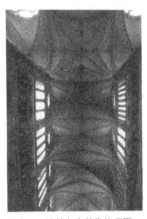

图十一：沙特尔大教堂的顶棚

　　交叉肋骨拱的使用强调了"间隔"在顶棚上的连续性重复。例如，沙特尔大教堂的顶棚上如果只有横穿的肋骨拱，那各个部分只是被很明确地区分开了，但是，如果用交叉肋骨拱，那么拱的斜线就会使前后的"间隔"连接起来，产生一个接一个"间隔"的连续感（图十一）。肋骨拱这种建筑结构给人的视觉效果就是连续性强的一个个"间隔"，朝着哥特式建筑内部的最深处，犹如调式节奏那样，产生了一种非常强烈的推动力，从而使建筑也具有运动性。

　　与之后的西洋音乐确立了以调式节奏为基础量化时间一样，"间隔"也可以说是为了产生均等空间而存在的前一阶段，这种均等空间正是可以用文艺复兴时期的建筑透视法测量的建筑空间。帕诺夫斯基指出，意大利文艺复兴时期理论化了的透视图基础，早已经在中世纪后期获得了丰富的经验。如果是这样的话，那么本书的探讨就更加强调了这种说法 [注二十二]。总而言之，通过哥特式建筑的"间隔"结构，人们第一次感知了空间的均等性，此后，这也被反映在了透视图法的构图过程中，实现了近代人们对空间的感知。

仿佛与这种态势发展一样，在时间的历史上，十四世纪出现了机械表，这赋予了人们对现代时间的认识，也解体了每个音符，时代开始走向对时间的定量化[注二十三]。时间和空间概念的变革是连在一起的，并且在哥特式建筑和圣母院乐派中被清晰地表现了出来。另外，中世纪后期也被看作孕育近代时间和空间基础的时期。

基本单位的详细划分

在设定了基本单位之后，在稍后的时代迎来了哥特式建筑与中世纪后期音乐并行的新局面。这个时候，建筑和音乐这两者的基本单位都得到了世人的认可。例如，如果将音乐的定量体系画成生命树的形状，那么观察这个视觉表现的写生本，就会很清楚地了解分割节奏的思考方法（图十二）。这种倾向从一二六〇年左右科隆的弗朗哥主张定量音值开始，延续到一三〇〇年培卓斯·德·库鲁斯作了名为《有人习惯创作歌曲》的曲子，在这首曲子中，一拍被不规则地分成了五部分或六部分。在此之后的一三二一年，菲利普·德·维特里提出了"新技法"，即由两分节奏或三分节奏这两个体系产生了把节奏分割到最小单位这一定量体系的分割方法[注二十四]（图十三）。

一三二一年，在巴黎大学，既是数学家又是天文学家的约翰内斯·德·穆里斯在《音乐技法的知识》中从数学理论的角度极力拥护了定量体系。这在记谱法中也为世人所承认，并且每个音值都以角形的记录方法完全独立了。

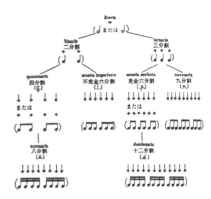

图十二：定量音乐。树形的节奏和韵律

图十三：定量体系中的节奏

到了一三八〇年以后的精微艺术的音乐样式后，人们将节奏更加细分，这就多出了好多不自然的节奏分割，当时的《摩德纳手抄本》上记录着，分割了的曲子已经不能被演奏了，只是追求技巧上的节奏分割而已。也就是说，这成了使记谱法失控的前卫音乐。

再来说说时间单位的细分现象。如果从调式节奏的阶段来看，那么定量节奏就是根据完全抽象的方法促进时间的均等化，但是这在建筑中可能是非常显著的现象。

过了哥特式建筑的兴盛期以后，细部的解体现象就出现在了墙面单位的彩画玻璃和顶棚单位的肋骨拱上。之前，笔者设定了哥特式建筑的空间基本单位，它就是"间隔"，每一部分都是空间单位"间隔"的反映。例如，窗格就在十三世纪以后被应用到了兰斯大教堂等建筑物中，这之后，窗格设计就一直重复着将窗格两分或者三分，无尽地细分下去（图十四）。顶棚单位开始也只是简单的四分割，最终变成了几何学上的复杂分割，然后产生了将天花板分成三角形、四角形、五角形的网状拱和具有装饰作用的扇拱（图十五）。这种倾向尤其被英国和德国的哥特式建筑所继承，并且朝着过分细分的方向发展。也就是说，在单位的顶棚和单位的墙壁中，都被划分得很详细，都在进行同种性质的逻辑性操作，而且除了理论上的细分，单位的空间也被分割了。

例如，兰斯大教堂内的西墙壁上，对一个大型的箭头拱门同样进行了无限的分割，在亚眠大教堂的墙壁上也对窗格进行了无限的分割，这就是对某种特定的理论行为进行穷追到底的冲动。这也和十三世纪以后在音乐的时间上产生的现象一样。不仅如此，在经院哲学体系、文学、艺术装饰等几乎所有的领域，这种做法都是被认可的。

不厌其烦地对单位进行细分，反过来看又是一种增殖活动。通过对单位的细分，又产生了更小的单位。增殖的理论过程和附加的基本单位两者都是增殖单位的过程。并且，对基本单位的细分也是一种增殖过程。即增殖的概念包括这两种看上去完全相反的原理，即中世纪后期的附加原理和无限的

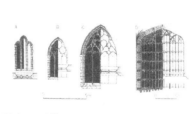

图十四：窗格的细分

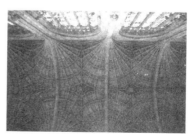

图十五：国王学院礼拜堂扇拱

细分原理。无论是哪种原理，它们都表现了同一种理论结果。所谓的增殖，就是在建筑和音乐中，这个时代中重要的造型精神。

注释:

[注一] 皆川達夫『中世·ルネサンスの音楽』講談社現代新書、一九七七年。

[注二] マクス·ドヴォルシャック『精神史としての美術史』中村茂夫訳、岩崎美術社、一九六六年。

[注三] デイヴィド·ワトキン『建築史学の興隆』桐敷真次郎訳、中央公論美術出版、一九八〇年。

[注四] ウイルヘルム·ヴォーリンガー『ゴシック美術形式論』中野勇訳、岩崎美術社、一九六八年。

[注五] デイヴィド·ワトキン『モラリテイと建築』榎本弘之訳、鹿島出版会、一九八一年。

[注六] ジョン·サマーソン『天上の館』鈴木博之訳、鹿島出版会、一九七二年、ハンス·ヤンツェン『ゴシックの芸術』前川道郎訳、中央公論美術出版、一九九九年。

[注七] 前川道郎『ゴシックと建築空間』ナカニシヤ出版、一九七八年。

[注八] ハンス·ゼーデルマイヤ『大聖堂の生成』前川道郎＋黒岩俊介訳、中央公論美術出版、一九九五年。

[注九] アーウインパノフスキー『ゴシック建築とスコラ学』前川道郎訳、平凡社、一九八七年。

[注十] T·G·ゲオルギアーデス『音楽と言語』木村敏訳、音楽之友社、一九六六年。

[注十一] 比如金泽正刚、皆川达夫、角仓一郎等人。

[注十二] 皆川達夫『西洋音楽史中世·ルネサンス』音楽之友社、一九八六年。

[注十三] クルトザックス『リズムとテンポ』岸辺成雄監訳、音楽之友社、一九七九年。

[注十四] アンリ·フォション『ロマネスク』神沢栄三訳、鹿島出版会、一九七六年。

[注十五] ホイジンガー『中世の秋』堀越孝一訳、中央公論社、一九七一年。

[注十六] 藤本康雄『ヴィラール·ド·オヌクールの画帖』鹿島出版会、一九七二年。

[注十七] ワイリー·サイファー『ルネサンス様式の四段階——1400年～1700年における文学·美術の変貌』河村錠一郎訳、河出書房新社、一九七六年。

[注十八] ゲーザ·サモシ『時間と空間の誕生』(松浦俊輔訳、青土社、一九八七年) 也提出了相同的观点。

[注十九] 帕诺夫斯基前面所提到的书。

[注二十] 在飯田喜四郎『ゴシック建築のリブ·ヴォールト』(中央公論美術出版、一九八九年) 里有详细记载。

[注二十一] 约翰·萨莫森前面所提到的书。

[注二十二]E·パノフスキー<象徴形式>としての遠近法』木田元ほか訳、哲学書房、一九九三年。

[注二十三] ジャック·アタリ『時間の歴史』蔵持不三也訳、原書房、一九八六年。

[注二十四] フイリップ·ドゥヴイトリ「アルス·ノヴア」『音楽学 第一九巻』。

第三章　关于中世纪的象征

与自由七学科相关联的建筑和音乐

在此，作者想就中世纪建筑和音乐的语义学进行思考。

以此为前提，我们来回顾一下语义学问题的研究情况。当时大学教授的自由七学科分别是：理科系的音乐、数学、几何、天文，文科系的语法、修辞学、逻辑学 (图一)。也就是说，中世纪的音乐理论也是一种科学学科。不，应该说与数学在学术上几乎没有差别。事实上，学校所教的内容并不是演奏的技巧方法等实践性知识，而是理论知识。上述的七种主要学科中还包括和建筑学关系密切的几何学，笔者对此非常感兴趣。

自由七学科经过罗马时期，到中世纪也一直延续着 [注一]。原本

图一：自由七学科

在古希腊时期，七学科意味着掌握特定的技能就能使人在意志上变得自由的学问。但是课程中的数字和内容、优先顺序都随着时代发生了变迁。公元前一世纪，威乐在《学问》一书中规定了语法、修辞学、逻辑学、几何学、算术、占星术、音乐、医学、建筑这九门课程。在此，建筑和音乐是并列的。之后，奥古斯丁从中世纪的自由七学科中除去了天文学，对其余的六个学科进行了论述。波爱修斯评价了四个学科中音乐的作用。卡西奥多鲁斯在《关于自由人学问的各个学科》中规定了七种学问，以作为学习神学的准备。将科目定为七种的理由可以引用所罗门神殿中所涉及的内容，即"知识建造了家园，而割裂了这七根柱子"。

就像上文所描述的那样，中世纪的自由七学科的范围扩大了。当时的基督教学校肩负着传播文化的任务。到了十二世纪，在沙特尔和兰斯的圣母院大教堂的附属学校中，数学这门学科是非常发达的。沙特尔学派因为对柏拉图和奥古斯丁的著作很有兴趣，所以在大教堂的西正面放置了象征着自由七学问的女神像。另外，在十三世纪还在巴黎成立了大学。西提岛的圣母院大教堂的附属学校成了学校的中心，各地的教师和学生蜂拥而至。就像在波罗尼亚和牛津大学也教授这些课程那样，自由七学科在中世纪成了基础学科。知识分子在学习了作为基础教养的七学科以后，又将视线投到了法学、医学和神学。音乐理论成了通往最高神学所必不可少的课程。在自由七学科中，音乐的地位是很高的。数学是一维的点，几何学涉及了二维的平面，研究宇宙的运动就形成了天文学，而世界的构成被认为是和谐的音乐，或者说，也可以将音乐说成是动起来的数字这样一门学问，即音乐是诸艺术之王。

在当时，因为教育的中心经常是附属于宗教设施的，所以身临其境的教育与主要的城市建设越来越接近了。而且在当时，音乐与数学、几何学同属于理科。因为各门学科都具有相同的目的，即为神学服务，所以人们认为学问的内容之间也是相互影响的。之后，那些在受过神学和大学教育以后的神职者也学习了音乐理论。因为音乐中的数学比例理论被看作构成宇宙的理论，因此，神职人员在获得建造新教堂的机会时，作为赞助人，他们可能会想在建筑中反映宇宙学。当时，这也可能暗示和传授给了设计建筑物的建筑师。如果说建筑师的地位很高，学识也高，那么建筑师也有可能直接掌握了音乐理论的相关知识。

关于"建筑师"的本领，我们再来研究一下。哥特式时期的建筑师的形象有了非常大的变化 [注二]。人们相信建筑师曾经也只是一些无名的工匠而已。但是，越来越多的人认为，建筑师是从工匠开始，通过辛苦锻炼和增长才干才获得崇高地位的。特别是在十三世纪以后，建筑师的具体名字和工作越发明确了。例如蒙特罗和维拉尔·德·奥内库尔等人，他们的名字都被记载到了各个大教堂的迷宫中，与神职者并列登上了历史舞台。

中世纪后期建筑师的地位变得相当高，不可否认的是，他们可能学习了音乐理论。但是，建筑师具体是怎么掌握音乐理论的，是不明确的。但是，也有证据表明，建筑师对音乐理论的掌握，尤其与当时附属学校的数学科学科先进的沙特尔大教堂，以及与大学紧密相关的圣母院大教堂，有着很大的关系。并且，大学的制度来源于建筑的工匠制度，根据他们掌握几何学知识的多少，人们可以区分石匠和建筑师 [注三]。如果是这样，这就与通过是否掌握理论来区分音乐家和非音乐家的情形类似，这点非常有趣。

无论是音程的结构还是时间的结构都与比例和数字有关。这可以被看作在实际音乐中表现形而上音乐的一种手法。关于存在的理念，即使是研究者，也常常将大教堂作为象征性的建筑来论述 [注四]。汉斯曾说过，哥特式建筑就是原原本本地再现了天上的耶路撒冷。约翰·萨莫森指出，在建筑形式上，哥特式建筑象征着天堂的大门。汉斯·杨臣也说："从物质和精神的角度来看，作为物质的大教堂却意味着精神上的大教堂。"建筑师正在哥特式建筑中寻求一种象征性的意义。

但遗憾的是，当时的建筑师并未留下关于建筑师考虑到象征性的音乐比例的记录。在维拉尔·德·奥内库尔的画册中，也没有特别记载有关这些的内容。但即使是这样，也不能断言建筑没有被赋予意义。汉斯·杨臣认为，在当时因为象征性的音乐比例还不是一个一目了然的事实，因此没有被记录下来。圣丹尼的苏热认为，建筑物中柱子的数量与基督教的十二弟子是相对应的。像这样，对于主办祭祀的神职人员来说，从他们的思想中就应该可以读懂人们对建筑的意义体系所具有的认识。

笔者也认为，从建筑与音乐的类推，以及中世纪人们的思维模式来看的话，我们不能否定，在现实的建筑物上，可能被赋予了象征性的功能。也许我们不这么觉得，但是对于当时的人来说，实际的音乐就是在表达一个听不到的世界，而实际的建筑也在表达一个看不到的世界。但是，问题就在于建筑和音乐的手法。笔者认为，建筑也不像汉斯所说的那样，只是直接地模仿。在此，笔者支持约翰·萨莫森的看法，即建筑在数量和光的形式上是具有象征意义的。建筑也像音乐一样，有隐藏的结构。

哥特式建筑与象征功能

将研究的注意力放在由比例理论产生的关系上，就意味着将建筑和音乐的结构看成相同的形式。这样，两者就同时具有数学比例这一隐藏着的象征意义。即音乐理论中具体的数学比例被原封不动地应用到了建筑中，这种共同的理念还在建筑和音乐两方面表现了出来。

关于哥特式建筑，下面我们介绍一下具有象征性的比例理论和几何学理论的具体研究。虽然有很多文献是以沙特尔大教堂为中心的，但是文献中言及音乐的比例理论的只有以下几种：路易·夏庞蒂埃的《沙特尔大教堂的神秘之处》、吉姆森的《哥特式大教堂》、克瑞德的《沙特尔的黄金时代》、奈格尔的《神秘的国王学院礼拜堂》等。

下面，我们来看一看关注中世纪建筑中的象征性的比例和几何学的文献。

作为建筑师，乔治·赖萨在《哥特式大教堂和神圣的几何学》一书中，阐明了哥特式建筑中几何学上的构成原理[注五]。但是他尝试的方法是运用奇特的图形。笔者对乔治所作的"无论是平面、立体还是剖面都适用同一原理"的假设非常感兴趣[图二(一)、二(二)]了。以沙特尔大教堂为代表，建筑师们得出的结论就是哥特式建筑是基于神圣的几何学而构造出来的象征宇宙的建筑形式。约翰·吉姆斯通过对沙特尔大教堂的详细研究，强调三等分割、圆形、三角形、四边形、六边形等具有意义的几何学的功能[注六]。地板上刻画的迷宫图案被看作对世界的模仿。所罗门的图形是由神圣的三角形组成的，而无论是在兰斯大教堂还是在亚眠大教堂的剖面或平面上，石柱

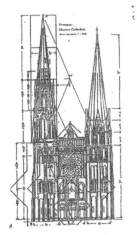

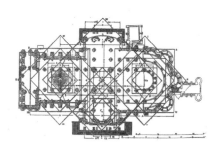

图二（二）：赖萨的平面分析图

图二（一）：乔治·赖萨的立面分析图

都与所罗门图形相契合 [注七]。但是，这也不一定是在说明建筑与音乐的关系。

　　夏庞蒂埃的著作也是非常特别的研究 [注八]。研究显示，在沙特尔大教堂中，拱顶的线条是以五角星的形状为基础的，而五角星这一形状恰巧代表着"人类"这一意思；另一方面，教堂的平面形态是由七角星的形状来决定的。夏庞蒂埃还指出，作为视觉上的音乐，建筑还使用了许多几何图形，并且从建筑物的横截面上来看，各个部分的高度比例正好与音乐的比例达到了一致。也就是说，从地板到顶棚，或者从暗楼到柱子的顶部，每个部分的高度都与"标准高度"成一定的比例（图三）。并且，研究表明，这样的建筑结构相当于一种

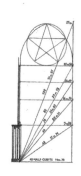

图三：夏庞蒂埃的沙特尔大教堂横截面分析图。建筑物构成的比例为 5：6 或 4：5

音阶——以《格列高利圣咏》的 D 调音为基础所产生的音阶。

除了吉姆森以外，雷米也指出了建筑和音乐两者之间的关系 [注九]。雷米指出，当时人们都很尊重沙特尔学派的自由七学科，在这个时代大背景下，工匠有可能为了提高自己的修养才学习了自由七学科的相关知识。另外，雷米还强调了一种理念，即音乐为诸艺术之王。因为音乐往往与事物的本质相关联，并且音乐还成了联系三颗低行星和三颗高行星的媒介。奈杰尔提出，在英国的皇家学院教堂建筑物中，平面上各个部分的长短正取决于由音程形成的某些比例 [注十]。

这些研究是非常令人兴奋的。另外，大教堂的图纸上不断出现的几何图形是很诱惑人的。但是，笔者认为，不能囫囵吞枣似的相信所有的理论，因为很多研究都是在已经存在的理论基础上推测出来的。尽管如此，我们却不能完全否定几何学所具有的象征性功能。笔者认为，几何学并不是完全从建筑的整体到细微之处的综合，而是对每个部分起着不同的作用。这里所说的几何学恐怕不是乔治所想象的复杂奇怪的几何学，而是更加单纯的、间隔比为 1 ∶ 1 的几何学。当然，这种简单的整数比是从提高施工时的便利性这一实践角度考虑的。

但同时，在中世纪人们的意识中，有些想法就算是与宇宙学重叠也不奇怪。八度音的比例为 1 ∶ 1，对现代人来说，也许它只不过为具有"振动次数为两倍"这一物理意义，但是这一比例曾经被赋予了其他的象征意义。

注释:

[注一] 前川道郎「ゴシック大聖堂の建築家の地位」『日本建築学会大会学術講演梗概集』一九八一年。

[注二] ジャン·ジェンペル『カテドラルを建てた人びと』飯田喜四郎訳、鹿島出版会、一九六九年、スピロ·コストフ『建築家——職能の歴史』槙文彦監訳、日経マグロウヒル社、一九八一年。

[注三] 前川道郎「ゴシック建築家と幾何学」『美学』一二七号、一九八一年。

[注四]O·V·ジムソン 『ゴシックの大聖堂』前川道郎訳、みすず書房、一九八五年。

[注五]George Lesser, *Gothic Cathedrals and Sacred Geometry*, 1957.

[注六]John James, *Chartres: The Masons Who Built A Legend*, London, 1982.

[注七]Pierre Carnac, *L'architecture Sacree*, Paris, 1989.

[注八]Louis Charpentier, *The Mysteries of Chartres Cathedral*, Research into Lost Knowledge Organisation, 1972.

[注九]Rene Querido, *The Golden Age of Chartres*, 1988.

[注十] Nigel Pennick, *The Mysteries of King's College Chapel*, 1982.

第二部

第四章　文艺复兴的邂逅
——布鲁内莱斯基和纪尧姆·迪费的比例理论

圣母百花大教堂的献堂仪式

一四三六年三月二十五日，罗马教皇四世叶夫根尼从罗马来到了圣母百花大教堂，主持了圣母百花大教堂的献堂仪式。其中，大教堂的半月形屋顶结构就是由布鲁内莱斯基着手设计的。圣母百花大教堂代表着文艺复兴建筑的开始。

为了给圣母百花大教堂的献堂仪式献礼，纪尧姆·迪费作了一首名字叫《玫瑰花将开时》（*Nuper rosarum flores*）的曲子，当时，教堂中回响着这首新乐曲 (图一)[注一]。据说，当时的音乐家查尔斯·沃伦指出，这首乐曲

图一：《玫瑰花将开时》(1436)。左侧的乐谱为改写成现代乐谱之后 (一部分)

中各个部分的长短正好表现了大教堂的建筑比例 [注二]。这是一个非常有趣的观点，让人不禁对此产生浓厚的兴趣。纪尧姆·迪费的登场正式宣布了音乐史上文艺复兴的开端。不仅如此，纪尧姆·迪费这位作曲家对十五世纪的音乐界还有着重要影响。总之，这次的献堂仪式使建筑和音乐的文艺复兴碰撞到了一起，是一个具有象征意义的大事件。

关于建筑与音乐的研究，主要是以比例理论为中心将两者联系到一起，以维特鲁威为代表，研究者把研究的中心放在了这样的问题上，即"音程的比例是如何在建筑尺度中表现出来的"。反过来，基于运用建筑的比例来创作音乐这一想法的研究并不多。在这个意义上，沃伦的论文可以说是非常宝贵的。还有一点非常有意思，那就是沃伦并没有从音程的比例出发去研究，而是以时间的长短为研究对象进行探索的。另外，沃伦的事业在音乐历史上也是世界闻名的，市面上有很多介绍沃伦的书和 CD。但是，介绍的内容种类五花八门，在世界范围内的建筑史上，很少有人知道沃伦的存在。在此，笔者在翻阅沃伦所提出的理论的同时，也将针对圣母百花大教堂和《玫瑰花将开时》的曲子之间的关系进行深究。

重复的比例

根据沃伦的分析,《玫瑰花将开时》这首乐曲的构成比例(6：4：2：3)参照了大教堂的各部分比例(建筑物整体的构成和半圆形屋顶的细部)。《玫瑰花将开时》由四部分构成，其中这四部分拍子的比例为 168：112：56：84，也就是 6：4：2：3(图二)。沃伦首先将圣母百花大教堂内与八角形屋顶内切的正方形设定成了建筑物的基本构成单位，照这样看的话，那么中殿是它长度的 3 倍，袖廊是它长度的 2 倍，教堂的半月形壁龛和它的长度相同，屋顶的高度为 1.5 倍。即长度的比为 6∶4∶2∶3，这与前面提到的拍子的比例是一致的（图二）。另外，如果采取别的解析方法，即如果以 28Braccia(古意大利的长度单位，以下简称为 Br.，1Braccia 约为 59 厘米) 的正方形作为基准，那么中殿就是 6 倍长，袖廊就是 4 倍长，半月形壁龛是 2 倍长，屋顶的高度为 3 倍长，这也与前面得到的比例是一样的（图三）。

在教堂中行走，可以将长度换算成时间来计算，这样就不难理解音乐给人们带来的对时间的认知了。在这个意义上，6∶4∶2 的比例在某种程度上具有合理性。但是，沿着高度的方向是不能行走的。在此，沃伦又针对

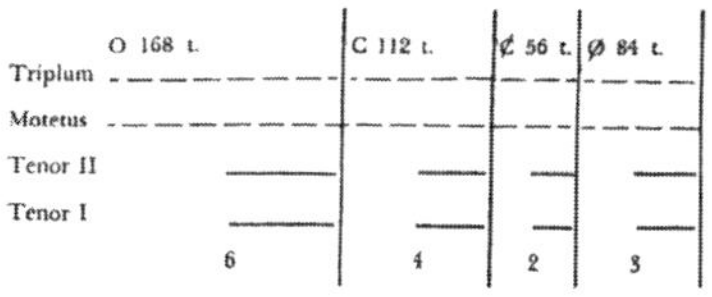

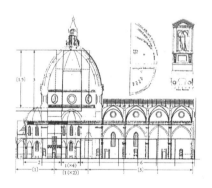

图二：沃伦创作的模型图。
此图显示了时间的构成比例

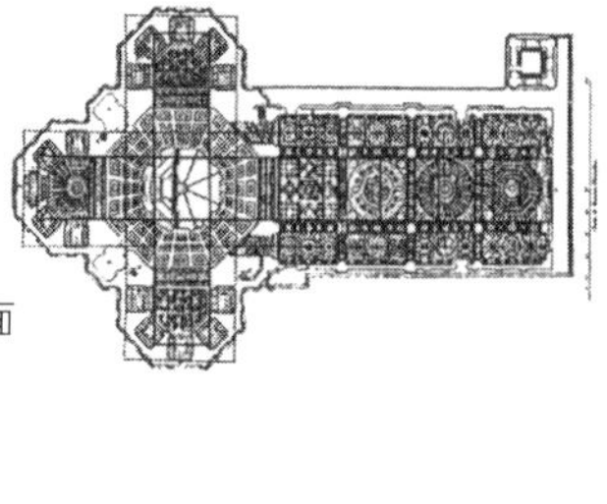

图三：沃伦的圣母百花大教堂平面
分析图，用两种方法表示

建筑物中的精密数字进行了研究，比如在双层的半球形顶棚中，在各个部分的长度上也可以发现 6：4：2：3 这一比例关系。又比如乐曲中长度为28 模数的部分，和正方形的尺寸一样，都是 28 模数；在建筑和音乐中，经常能发现"7"这个具有象征意义的数字等。顺便说一下，布鲁内莱斯基并不是负责大教堂整体设计的建筑师，而是只参与完成了顶棚部分的建造。总而言之，建筑中各个部分的比例并不是由一个设计师全权决定的。

沃伦曾经将曲子中的拍子比例，也就是时间的长度比例与建筑的各部分长度比例进行了对照。与此一致的是，也有人推测纪尧姆·迪费曾得到了关于圣母百花大教堂的各部分长度比例的数据，然后将其放在了音乐中，最终在音乐和建筑中出现了同一比例的现象。确实，这两个具有优秀才干的人出现在了历史上的同一时期和同一地点。但是，这两个人的身份截然不同，一个是教皇御用的音乐家，另一个是被委托设计大教堂的伟大建筑家。因此，沃伦拜访了这两位大家，并以非常独特的方式将其记录了下来。但是，这些记录不能作为事实依据，也不能成为历史材料，最多也就算是一种记录。

作为模型的所罗门神殿

与此相对，中世纪文艺复兴时期的著名研究学者克雷格·赖特指出，《玫瑰花将开时》这首曲子与圣母百花大教堂之间并没有沃伦所说的比例上的联系 [注三]。克雷格·赖特不仅对沃伦的理论进行了批判，还结合曲子对所罗门神殿、圣母玛利亚的崇拜对其进行了论述，最后提出了新的看法。

首先，针对沃伦提出的以 6：4：2：3 的比例关系来构造建筑物中的长度这一说法，克雷格·赖特指出，如果精确地进行测量，就会发现，其实各个部分的长度在数值上是有偏差的。所以，在圣母百花大教堂的内部结构中，并不存在构成音乐的 6：4：2：3 这一比例关系。据克雷格·赖特说，这种比例的依据实际上在旧约圣经中记载有关所罗门的部分中出现过。根据旧约圣经《列王记》中的记述，我们可以知道：在所罗门为耶稣基督所建的圣殿中，进深、正面宽度和高度的比例为 60：20：30。如果把祭坛和中殿分开，那么其长度比例为 20：40。也就是说，神殿的全长、主廊长度、宽度及祭坛长度的比例为 6：4：2：3。

　　另外，值得一提的是，克雷格·赖特将研究的重心放在了《玫瑰花将开时》这首曲子的技法上。这首曲子采用了中世纪的等节奏型的音乐手法，人们由此对这一时代的音乐样式有了一定的了解。因此，克雷格·赖特做出了这样的结论，即《玫瑰花将开时》这首曲子不仅与圣母百花大教堂没有直接的关系，而且这首曲子和大教堂分别是在中世纪和文艺复兴这两个不同时期诞生的艺术作品。这样，克雷格·赖特完全切断了圣母百花大教堂和《玫瑰花将开时》这首曲子之间的关系。

　　但是，圣母百花大教堂不仅经常与文艺复兴建筑开端的有关轶事有关，而且总是与半圆形顶棚的建筑结构有关。如果从大教堂的整体来看，那么无论是设计还是建造，它都是从中世纪开始的，所以教堂中空间的特性与其说是文艺复兴式的，还不如说其具有中世纪建筑特征 [注四]。不管怎么说，无论是《玫瑰花将开时》这首曲子，还是圣母百花大教堂，都可以从中看出中世纪的风格。在此，我们先将研究向前进行下去。

第三论文

在关于圣母百花大教堂和《玫瑰花将开时》这首曲子的研究中，又出现了新的评论 [注五]。这就是专攻文艺复兴建筑的马文·崔切伯格，他提出了将圣母百花大教堂和《玫瑰花将开时》两者连接在一起的新假说。在假说中，虽然也有克雷格·赖特和沃伦的思想，但绝对不是单纯地把两者的理论组合到一起。克雷格·赖特的言论将建筑和音乐两者的关系切断了，而为了将两者再次联系到一起，马文·崔切伯格则开始重新解读建筑和音乐背后所隐藏的几种意义。

首先，马文·崔切伯格提出，在音乐中出现的 6 ∶ 4 ∶ 2 ∶ 3 这一比例确实像克雷格·赖特所说的那样，与所罗门神殿有着一定的关系，但同时，在圣母百花大教堂各个部分的长度中也存在这样的比例关系。虽然这样，但是他并没有照搬沃伦所提出的尺寸分析方法，而是尝试用一种新的方法对数字进行系统的分析。总之，沃伦和克雷格·赖特只是将这些数字单纯地作为整数进行处理，与他们不同，马文·崔切伯格将 "6 ∶ 4 ∶ 2 ∶ 3" 这一比例看作倍数而对数字进行分析，由此便产生了新的数字，并且在圣母百花大教堂中的许多部分中都可以看到这样的数字。有很多例子可以证明这一理论，比如 $6 \times 4 \times 3 = 72$，而研究教堂内部结构的时候，我们可以发现，教堂中殿的宽和高，以及半圆形顶棚的直径正好为 72Br.。另外，$6 \times 4 \times 3 \times 2$ 可以得到 144Br.，这个数字既是中殿的长度，也是半球形顶棚的高度。

然而，大教堂的整体尺寸并不是由一位设计师决定的。事实上，大教堂的设计从十三世纪九十年代就已经开始了，先由阿诺尔福·迪坎比奥进行了平面设计，设计没有被采用，一三五一年又由弗朗西斯科·塔伦蒂作为主设计师继续设计，此次设计扩大了建筑物在平面上的规模（图四）。由于多次修改设计，所以建筑物的规模变得过大，半球形的顶棚也从设计中删除了，建筑的工程进度不得不长期停滞。到了十五世纪，好不容易出现了建筑师布鲁内莱斯基，教堂才得以建成。建造就都是众所周知的了，圣母百花大教堂在一四三六年迎来了献堂仪式。

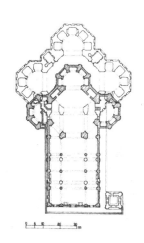

图四：圣母百花大教堂 [独创的设计方案（粗线条）和扩大的平面（细线条）]

　　说起上述的数值，例如，在阿诺尔福·迪坎比奥的设计中，教堂中殿的长度是 72Br.，但因为之后又对设计进行了更改，所以最后的中殿长度为 144Br.，设计在平面上被扩大了，并且直到布鲁内莱斯基出现后才完成了 144Br. 半球形顶棚的建设。如果 "6：4：2：3" 这一比例隐藏在大教堂各个部分的设计中，那么这种比例就已经不是一位设计师的设计意图了。但即使不是这样，在经过了如此长的时间之后，大教堂的设计被改动了很多次，"6：4：2：3" 这一神圣的比例是被保留下来的，还是在设计过程中新创造出来的呢？马文·崔切伯格指出，建筑物不是超越时间的抽象物体，我们应该在时间的展开过程中捕捉建筑。

　　马文·崔切伯格的分析不止于此。接着，他改变了研究角度，尝试从图像分析的角度继续研究圣母百花大教堂的建筑形态。如此一来，我们从大教堂复杂的形态中就能发现，教堂中浮现出了许多由耶路撒冷神殿和罗马的和平神殿等重叠组合后的建筑意向。

在这里，笔者想先举一个例子，就是在中世纪耶路撒冷神殿是以怎样的形式被设计出来的？再比如说，我们既可以在塔迪欧·加迪的画——史达克罗切中找到耶路撒冷神殿的影子，又可以在圣母百花大教堂的东部看到类似形状的建筑物（图五）。新约圣经的《使徒约翰默示录》中记载道：耶路撒冷城墙的高度为144Br.，这也正是前面看到的圣母百花大教堂的全长和天棚的高度。不用说，如果将144Br.再次按照6×4×3×2来分解，就得到了《玫瑰花将开时》这首曲子的节奏比例。

像这样，通过多种角度来研究建筑和音乐这两者的关系，马文·崔切伯格找到了两者所共有的许多意义，并提出了两者之间存在着"共鸣"。"共鸣"的建筑和音乐又是怎么一回事呢？在下一节中，我们将对此进行深入思考。

图五：圣十字大教堂中的美第奇家族礼拜堂中，挂着塔迪欧·加迪的湿壁画（一部分）

"共鸣"的建筑和音乐

一般来说，人们不会认为建筑作品和音乐作品之间有某种直接的关系。因此，我们可以设定一下，即建筑作品和音乐作品都是受同一事物的影响而被创作出来的。即使在提到圣母百花大教堂和《玫瑰花将开时》这首曲子时，我们也知道两者都是在同一个时期、同一个地方——圣母百花大教堂、由同一种宗教文化（基督教文化）诞生的艺术作品。如果以同一种文化作为基础来创作这两个作品，那么两者的创作很有可能具有同一种灵感来源。

根据马文·崔切伯格的解释，圣母百花大教堂和《玫瑰花将开时》这首曲子在许多意义上都有共通之处，比如，对圣母玛利亚的崇拜、所罗门神殿及耶路撒冷神殿等。如果是这样，那么建筑和音乐这两者之间的关系就不是互相影响的直接关系了。总而言之，《玫瑰花将开时》这首曲子并不是为了赞美圣母百花大教堂而参照建筑的比例创造的作品，两者之间的关系也不是诸如上述那样简单的关系。

在上述内容中，我们论述了建筑与音乐两者的关系本来就不是直接的关系，又因为马文·崔切伯格所使用的多种方法，使得情况变得更加复杂了。例如，在圣母百花大教堂中可以看到耶路撒冷神殿的影子，如果 144 这个数字出现在了尺寸中，那么东端部分的形态也会有图像出现。也就是说，如果向建筑中注入不同的意义，那么注入的方法也是多种多样的。如果按这样考虑，那么大教堂就超越了"能被肉眼看到的建筑"这一意义，可以说它成了包含多重意义的一个巨大复合体。

可以说，这种方法也同样适用于音乐。例如，在《玫瑰花将开时》这首曲子中所用到的"等节奏型"这一音乐手法，如果我们看乐谱，就会很好地理解其重复的基本旋律和基本节奏，但是如果只是用耳朵听，那就很难发现其中的规律。这与构成曲子的比例"6：4：2：3""七"也是一样的。歌声在用语言赞美圣母玛利亚的同时，在节奏中还潜藏着的"七"这个数字，而"七"就是圣母玛利亚的象征 [注六]。音乐中也有隐藏在旋律和节奏背后的意义，而这些意义往往是不为人知的。

总而言之，如果反过来说，我们就应该这样考虑，即无论是建筑还是音乐，都不仅仅是眼睛看到的东西和耳朵听到的东西，除此之外，两者还被注入了许多不同的含义。正因为如此，在此联系建筑和音乐两者的纽带，就算有，也不会是能够用眼睛看到的一条线。在此，建筑和音乐就拥有了同样的数字、同样的含义，两者由此建立了一种"共鸣"的关系。

因为《玫瑰花将开时》这首曲子曾经响彻圣母百花大教堂，所以两者之间产生了直接的碰撞。实际上，出席教堂献堂仪式的马奈迪听了《玫瑰花将开时》后，是这样描绘当时的感受的："这曲子就好像天主赐给我们的一样，它让我们听到了那些难以置信的天堂的美好事物——天使们、神圣的天堂合奏和歌曲。"[注七]。"和谐的合唱和各种各样的乐器所演奏出来的曲子回荡在整个教堂中"，就在这时，构成音乐的"6：4：2：3"这一比例与中殿的长度和顶棚的高度产生了"共鸣"，教堂顶棚的高度又让我们想起了耶路撒冷神殿，而神殿的形象再一次与大教堂的身影重叠到了一起。这种"共鸣"是人的眼睛和耳朵所感知不到的。但可以确认的是，建筑和音乐超越感官，两者中包含了多重意义。这样，建筑和音乐又一次碰撞到了一起。

注释:

[注一] 关于这首曲子的参考文献，可以查看以下的书: 今谷和德『ルネサンスの音楽家たち I』東京書籍、一九九三年、ドナルド·ジエイ·グラウト＋クロード·V·パリスカ『新 西洋音楽史 (上)』戸口幸策＋津上英輔＋寺西基之訳、音楽之友社、一九九八年、H·M·ブラウン『ルネサンスの音楽』藤江効子＋村井範子訳、東海大学出版会、一九九四年。

[注二] Charles W. Warren, "Brunelleschi's Dome and Dufay's Motet", *The Musical Quarterly* 59, 1973, pp. 92-105.

[注三] Craig Wright, "Dufay's *Nuper rosarum flores*, King Solomon's Temple, and the Veneration of the Virgin", *Journal of the American Musicological Society* 48/3, 1994, pp. 395-441.

[注四] 哥特式建筑就是通过单纯的空间单位"间隔"的反复而建成的。特别是在建筑中的四角法中，以一个正方形为基本单位，通过规定基本单位，从而确定平面和立面的部分 (ロン·R·シエルビー編著『ゴシック建築の設計術』前川道郎＋谷川康信訳、中央公論美術出版、一九九〇年)。在"等节奏型"这一技法中，以一种旋律和一种节奏为基本单位，使两者反复偏离和重复，从而形成了整体的乐曲。总之，哥特式建筑和等节奏型都是先设定一个基本单位，然后对其展开从而形成整体作品。在此之后，虽然等节奏型这一手法在音乐中被淘汰了，但是取而代之的是比例理论全盛时代的继续。另一方面，在建筑上，文艺复兴时期的建筑论得到了普及，比起中世纪几何学的设计方法，比例理论占了很大一部分。

[注五] Marvin Trachtenberg, "Architecture and Music Reunited: A New Reading of Dufay's Nuper Rosarum Flores and the Cathedral of Florence", *Renaissance Quarterly*, vol. 54, no. 3 (Autumn, 2001), pp. 740-775.

[注六]「七」は、聖母マリアの「七つの喜び」、「七つの悲しみ」として、聖母マリアを象徴している（ジェイムズ・ホール『西洋美術解読事典』高階修爾監修、高橋達史ほか訳、河出書房新社、一九八八年）。

　[注七] D･J･グラウト、前掲書、一八九頁。

第五章　理论书上的单位理论——模数和塔克图斯

理论书中的单位问题

空间和时间本身是无形的，我们看不到，也听不到。无论是时间还是空间，作为概念都具有无限性和抽象性。但现实中的建筑和音乐作品都是具体的，为了完成作品，我们需要一个基准——单位。在文艺复兴时期的理论书中讲到，在规定建筑的各个部分和音乐的各个音节的长度时，以某种单位为基准，通过各个部分的相互关系来规定。在以具体的技术为基础的建筑类书籍和音乐类书籍中，可能也反映了以空间和时间长度为中心的想法。如果这样，那么针对空间这一维度中的抽象的长度概念的考察，建筑类书籍可以成为历史材料。而且，音乐的理论书也可以成为研究与时间相关的想法的历史材料。

人们经常提起西方抽象的时间概念和文艺复兴时期音乐中时间的基本单位塔克图斯这两者之间的关系。而且，同时期的柱式理论规定，由模数决定建筑中各个部分的大小。在这样的理论书中，不仅研究了怎样定义基准单位，还论述了怎样根据单位来规定各个部分的大小。另外，在意大利出版的许多音乐理论书中，我们都能看到塔克图斯这样的时间单位，构成旋律的音符和休止符的大小正与塔克图斯这一时间单位有着密不可分的关联[注一]。总而言之，模数和塔克图斯虽然存在于空间和时间这两种不同的维度中，但是在文艺复兴时期的建筑和音乐中，它们都作为基准的空间单位和时间单位来规定各个部分的大小。

模数一词虽然在古代就开始使用了，但定义和应用范围非常乱，并没有一定的规律。另一方面，音乐中的塔克图斯在十五世纪到十六世纪这段时间被大量应用，但之后便渐渐地不再被应用了，最终销声匿迹。并且，当音乐理论家在研究塔克图斯的时候发现，不同作者的不同理论，其定义和应用的范围也不尽相同。

在此，笔者将采用从一四八〇年到一六〇〇年在意大利出版的主要建筑理论书与音乐理论书，比较和考察在柱式论中提到的模数与在定量节奏理论中出现的塔克图斯这两者的用法。

建筑书籍中的模数

拉丁语的"modulus"这个词相当于英语中的"module"和意大利语中的"modulus"，有尺度和规范的意思。模数这一建筑专业术语早在维特鲁威的建筑书中就作为长度的基本单位被使用过。并且，在受到文艺复兴影响的古典主义建筑书中，也提到过将模数作为长度的基本单位。但是，关于模数的使用方法，各种建筑书中论述得不尽相同。

"模数"一词本来并不是建筑的专业用语，而是作为表达尺度和规范的词语，并被广泛应用于各个领域。例如，与维特鲁威同时期的贺拉斯就曾经把模数作为表达一般尺度的词语，用在了《书简诗》和《讽刺诗》中。在这之后，弗朗提奥在《罗马的水渠》中将模数作为基本单位写在了作品之中，大普林尼在《博物志》中也应用了模数一词，不过它是音乐的音调和调式的意思。另外，在文艺复兴时期，人们还将模数一词作为原型或模型的意思应用到了作品当中，例如加夫里库斯的《雕塑论》[注三]。在此，在模数这一词语的多种意义中，笔者不研究模数的多种意义，只将柱式论中作为基本单位的模数的意义作为考察对象。

　　接下来，我们看一下文艺复兴时期的建筑书籍。阿尔伯蒂在《建筑论》（一四八五年）的很多地方对模数这一词语下了定义[注四]。例如，在第七篇第七章中是这样定义的，即模数就是将古典主义建筑中的爱奥尼亚式柱子柱底的厚度平均分割成十六份，其中一份的长度就是一模数。另一方面，阿尔伯蒂又在第八章规定了模数就是将爱奥尼亚式柱子顶端部分的高度分成十九份，每一份就是一模数。另外，他又在别的柱式论中将科林斯柱头的七分之一叫作模数，在第九章将多立斯柱式房檐高度的十二分之一称为模数，又将爱奥尼亚柱式房梁除去上端凹形部分，将余下的部分分割成十二份，其中一份就是一模数。

　　在阿尔伯蒂的著作中，我们能够看见很多关于模数的定义，但都是各自定义的，没有统一成一个定论。并且，模数的大小是由构成建筑物的要素——柱子的底端和顶端分割之后得到的。因此，被称为模数的这一单位虽然在建筑中也用来表示其他部分的大小，但是只应用在了对周围建筑部分的相关计算中，其应用范围非常有限。比如说，将爱奥尼亚柱头的高度分割而得到的模数虽然能够用在计算柱头细微部分的长短上，但不能用在计算柱子的下楣部分。在此，作者还对模数作与之前不同的定义 [注五]。像这样，在柱式的记录中，将柱子底端的梁、柱头、柱身、柱子底部这几个部分分开，在不同的部分设定不同的大小，因此不能在不同的部分使用同一种模数。另外，也不是所有的部分都能根据模数来设定。在不用模数来决定各个部分长短的时候，就根据各个部分之间的关系来设定每个部分的长度。

接下来，让我们看一下塞巴斯蒂亚诺的《建筑论》这本书 [注六]。该书第四篇 (一五三七年) 记述了五种柱式，它们分别是塔司干柱式、多立斯柱式、爱奥尼亚柱式、科林斯柱式、混合柱式。在关于多立斯柱式的记载中提到，多立斯柱子中应用到了与柱子半径长度相等的模数，而在其他四种柱式中没有用到模数这一概念。然而，在多立斯柱式中，只以模数为单位决定了柱子的半径、柱子底端的高度、柱头的高度、柱子下楣的高度及三联浅槽饰的高度和宽度，在除此以外的细微部分并没有用到模数。取而代之的是，通过分割具体部分的大小这种方式来表示周围其他建筑部分的大小。也就是说，在建造柱子的时候，没有用到通用的尺寸，也并不是所有的部分都是以模数为单位来决定大小的。另外，与阿尔伯蒂一样，《建筑论》这本书中所提到的建筑各个部分的大小也是通过相互关系而决定的。

另一方面，在十六世纪后半期维尼奥拉所著的《建筑的五种柱式规范》一书中，作者提到在五种柱式的建造过程中都用了模数这一单位。模数和建筑物各个部分的具体比例关系虽然有点不同，但是无论在哪种情况下，模数都通过分割从柱子基础部分到柱子下楣这一方法而适用于各种柱式，模数的

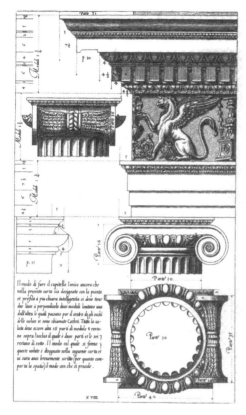

大小与柱子基底部分的半径一致。之后，就形成了这样一个原则，即记录柱子的时候，柱子所有部分的大小都由模数来表示，而图纸中每一部分的大小都由数值来表现[注八]（图一）。

最后，我们再来看一下安德烈亚·帕拉第奥的《建筑四书》（一五七〇年）[注九]。书中的五种柱式都用了模数单位。但不同的是，多立斯建筑中的圆柱直径是一模数，而在其他四种柱式的建筑中，圆柱的半径

图一：出自维尼奥拉的《建筑的五种柱式规范》一书。各个部分大小以数值的形式被记录了下来

是一模数。与阿尔伯蒂的《建筑论》不同，在这本书中，模数单位被运用到了横跨了柱子下楣、柱头、柱径、柱子的底部基础等许多复杂的主要部分。但是，并不是所有的部分都根据模数来记述大小[注十]，相对来说，通过与周围其他部分的关系来决定大小的比较多。尽管这样，在图纸上，各个部分的大小还是用模数这一单位来表示数值[注十一]。

音乐文献中的塔克图斯

所谓塔克图斯就是，在十五世纪到十六世纪这段时间内用来表示"拍"的音乐专业术语，是根据手的动作来计算时间单位的。塔克图斯这个词的词源被认为拉丁语中表示弹拨琴弦的"tangere"的过去分词"tactus"。并且，拉丁语中的"tactus"相当于意大利语中的"batta"。经过对许多音乐文献的研究，笔者在这里将其统一成塔克图斯进行论述。

十五世纪的音乐理论书言及塔克图斯的并不多。法兰西那斯·贾弗黎尔斯生活在十五世纪后期，虽然著有《音乐理论》(一四八〇年／一四九二年)和《音乐实践》(一四九六年)等很多理论书，但是对塔克图斯只字未提；在约翰内斯·廷克托里斯写的《音乐用语定义集》中也没有提到塔克图斯[注十二]。十五世纪末，埃达尔·冯·富尔达的《关于音乐》(一四九〇年)是最早记述塔克图斯的书，但是书中对塔克图斯只作了一般性的说明[注十三]。作为音乐学者的威利·阿佩尔提到，塔克图斯是完全属于十六世纪的，在此之前，人们都是在一定条件下将塔克图斯运用到音乐中的[注十四]。乔瓦尼·兰弗朗哥在《灿烂夺目的音乐》(一五三三年)一书中记述，塔克图斯就是手的上升和下降[注十五]。塔克图斯一共有两种，就是手的上升与下降，奥拉西奥·狄纪尼、弗拉·毛罗和文森特等人在相关书籍中也有记载[注十六]。

像这样，塔克图斯被看成上拍和下拍这两种拍的总称，并且"继承"了自古希腊以来强拍和弱拍的性质[注十七]。强拍和弱拍本来是根据下拍和上拍的名称进行区分的，但是塔克图斯不区分两者，于是成了两者的统称，我们也可以认为塔克图斯正是重视两者都共有的，代表一定长度的"拍"这一概念。接下来，我们就来看一下塔克图斯和实际音值之间的关系是怎样确定下来的。

在当时的音乐理论书中，作为音值通常被使用的一共有以下 8 种，按照从大到小排列依次为最长音符、长音符、全音符、半音符、二分音符、四分音符、八分音符和十六分音符 [注十八](图二)。并且，像最长音符和长音符那样相邻音值之间的相对关系是由小节规定的。小节一共有以下几种，分别为 Modus maior (图三（1）)、Modus minor (图三（二）)、Tempus (图三（三）)、Prdatio(图三 (四)) 这四种，分为 3 ：1 的"完整"和 2 ：1 的"不完整" [注十九]。也就是说，一共存在 4×2 的 8 种小节。例如，在全音符和半音符的关系中，就使用了 Tempus 这个小节。这样一来，两者的比例在完整 Tempus 中就是 3 ：1，在不完整 Tempus 中就是 2 ：1。通过结合 4 个阶段 ×2 种的小节，就能得到 4×4 即 16 种组合 (图四)。另外，十六音符以下音符的音值没有小节，原则上都采用 2 ：1 的比例。

在十六世纪前期，弗拉·毛罗和乔瓦尼·兰弗朗哥的《灿烂夺目的音乐》

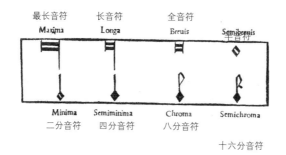

图二：八种音值

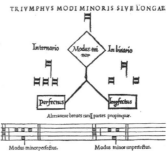

图三（一）：Modus maior 最长音符与长音符之间的关系，左边为完整（三元素性），右边为不完整（二元素性）

图三（二）：Modus minor：长音符与全音符之间的关系

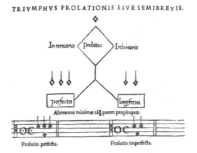

图三（三）：Tempus：全音符与与半音符之间的关系

图三（四）：Prdatio：半音符与二分音符之间的关系

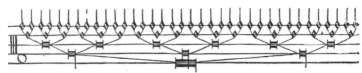

Notularum ualor modi maioris perfecti, minoris imperfecti, temporis perfecti, & imperfectæ prolationis.

图四：小节的 16 种组合方式之一为"完整 Modus maior、不完整 Modusminor、完整 Tempus、不完整 Prdatio"。在这里最长音符、长音符、全音符、半音符与二分音符的比例为 36：12：6：2：1

等书中都记述着塔克图斯的长度通常和半音符一致。另外，还有很多其他的作者虽然在书中提到了塔克图斯，但是都避开了明确地指出塔克图斯与其他音符的关系。决定各个音值相对关系的 4 个阶段的小节可以更进一步分成两个系统，随着 Prdatio 发生变化，所以才不能简单地记述关于塔克图斯和其他音符的关系 [注二十]。例如，彼得罗·阿龙、尼古拉·维琴蒂诺、斯海尔托亨博斯、奥拉西奥·狄纪尼、文森特等人在有关小节的论述中，都提到了塔克图斯，但没有在音值的定义中使用它 [注二十一]。另外，也像斯蒂法诺那样，虽然谈到了音值的具体规则，但是没有提到塔克图斯的作者 [注二十二]。

　　总而言之，十六世纪大部分的作者虽然在各自的作品中提到了塔克图斯，但是每个音值的定义都是通过与其他音值的比例关系 (小节) 表示出来的，并没有提到塔克图斯和具体音值之间的直接关系。另一方面，在吉罗拉莫的作品《与特兰西瓦尼亚人的对话》(一五九三年) 中，从最长音符到三十二分音符，这九个音符的音值都是通过以塔克图斯为媒介而产生的数字规定的，塔克图斯的大小与半音符的大小是相同的 [注二十三]。十七世纪，在阿德里亚诺·班基耶里所著的音乐理论书《现代音乐实践》(一六一四年) 中，作者将附点音符包含在内的十六种音符的音值都用数字来简单地表示出来了 [注二十四](图五)。

图五: 阿德里亚诺·班基耶里的《现代音乐实践》中的各个音符的旁边用数字标注了音值

模数与塔克图斯

接下来，笔者将对模数与塔克图斯的性质进行考察。

米和秒这样的单位，分别是根据地球的周长和地球自转定义的。也就是说，单位与建筑和音乐的具体部分是毫无关系的。因此，单位是独立于建筑和音乐中的具体部分而中立存在的。实际上，无论是艺术领域中的单位还是日常生活中的单位，都在空间和时间这一范围内被人们大量使用。另一方面，我们在理论书中看到的模数和塔克图斯这两个单位，曾经都只是限定于建筑和音乐领域的特有词汇而已。

也就是说，模数和塔克图斯在表示具体大小方面是一致的，或者说模数和塔克图斯就是以其大小为基准得到的单位。并且，模数和塔克图斯的使用都只限定在艺术领域。例如，帕拉第奥和塞巴斯蒂亚将模数的大小定义为柱子的直径。阿尔伯蒂所提到的模数是将柱底或柱头分割后的结果，其本身就不是一个已经整理好的定义，而是由建筑物中某部分的具体大小来规定的。同样地，在塔克图斯的问题上，吉罗拉莫将半音符的音值看作塔克图斯的音值，但是，在其他的理论书中，也有人将塔克图斯的音值定义为与半音符大小一样或者与全音符的音值大小一样等，说法不尽相同。不管怎么样，以模数和塔克图斯为单位进行大小的标识，也可以说是与以具体的某部分为单位进行实质上的应用画等号的。

那么，为什么要特意设定这两个单位呢？设定后的单位又有什么不同呢？

虽然模数表示的大小经常与柱子的直径是一致的，但是两者不是一直相等的。塔克图斯也是如此。模数和塔克图斯本身既不是柱子的直径也不是半音符，它们是表示与此"相等的"两种"抽象的量词"。

接下来，我们就模数和塔克图斯的用法进行比较。

如果针对这一问题反复研究，那么我们就会发现，在建筑书籍中，模数不总是决定所有建筑物各个部分的大小的。阿尔伯蒂说决定建筑物各个部分大小的时候，有时候以模数为单位，有时候以其他单位为基准。模数本身就有很多种。塞巴斯蒂亚提出，虽然在多立斯柱式建筑中运用了模数这一单位，但是在其他的柱式中，表示各个部分的比例关系时并没有运用模数。另外，帕拉第奥在他的书中指出，"在所有的柱式中，模数全都是由柱子的直径得到的，但是模数的使用范围受到了限制，柱子底部和柱头细部的大小都是由与其他部分的相对比例决定的"。

另一方面，音乐中的塔克图斯是在十五世纪后期出现的，并且许多著作中都有相关记载。但是，各个音值不是由塔克图斯这个单一的单位定义的，而是由小节，也就是由音值之间的相对比例来表示的。

在建筑和音乐这两个领域，在一六〇〇年之前的理论书上，既没有建筑中的模数决定着所有部分的大小的记述，也没有与塔克图斯有直接关系的相关记述。建筑上的各个部分和音乐中的音值并不使用模数和塔克图斯，而是通过与其他部分或者与其他音值的比例关系来规定的。

而与此相对，维尼奥拉和吉罗拉莫尝试着运用模数和塔克图斯这两种单一的单位来表示各个部分的大小。维尼奥拉在他的《建筑的五种柱式规范》一书中提出，建筑物各个部分的大小并不是由相互的比例关系来决定的，而是将模数作为媒介来表示。这里的模数长度是由柱子的高度和柱子的直径推算出来的，因此具有关联性。而且，模数打破了"仅应用于柱子高度"的使用范围上的局限，被运用到了整体的建筑之中。比如说，柱子与横梁之间的柱头与横梁。同样地，吉罗拉莫在其著作《与特兰西瓦尼亚人的对话》中指出，从最长音符到三十二分音符之间的九种音值的长度都由塔克图斯这一单位来表示的。班基耶里又用图形来表示这种方法，使其更加容易理解。

维尼奥拉和吉罗拉莫的共同点就是都用数值来表示长度，这种方法也得到了认可。那么，为什么可以用数值表示长度呢？首先，在其他的柱式理论中，无论是哪种理论，它们都记录了在作图过程中几何学的运用流程，并在此过程中表示出了各个部分的大小。虽然说它们是建筑理论书，但书中也并非全部都是抽象的理性思路，所以，像这样作图的实践痕迹也保留了下来。但是，可以说，维尼奥拉仅仅记述了运用几何计算出来的结果。换句话说，他把一连串的流程解体，通过计算将所有部分的大小数值化，然后用模数这一单位来表示。

另一方面，音乐界存在着"不完整"和"完整"两种节奏。这也许与基督教的三位一体思想有关，三比一的节奏称为"完整"，而二比一的节奏称为"不完整"，"完整"的节奏是优于"不完整"的。但是，最终两拍的音乐多了起来。萨克斯认为，迪费的作品中有95%的曲子都是三拍的。而与此相对，在十六世纪意大利的多声部音乐复调合唱曲中，百分之六十的曲子都是三拍的。到了帕莱斯特里纳的时候，其作品中就只有1%的曲子是三拍了，渐渐地，二拍的曲子占了大多数[注二十五]。但无论如何，只要"不完整"和"完整"这两种节奏同时存在，那么用塔克图斯这一单位来定义各个音值就是非常困难的。为什么这样说呢？因为即使让半音符和塔克图斯相等，也会因为其他音值的比例关系各不相同而使说明方法效率不高。但是，吉罗拉莫定下了这样一个原则，即统一所有的音值为原来的两倍系列，然后据此给塔克图斯下了定义。

维尼奥拉理论和吉罗拉莫理论的相似性

在维尼奥拉和吉罗拉莫的理论中，在表示建筑和音乐的各个组成部分的大小时，两人都采用了数值表示的方法，并不是通过与其他部分的对比来表示各组成部分的大小。那么，什么是"用数值来表示"呢？在这里，我们先举一个例子来说明。假设有两个量 A 和 B，在表示两者关系的时候，我们可以用比例来表示，即"6：2"，另一方面，如果把 B 作为单位，那么用数值来表示 A 的大小就是"3"(=6÷2)。无论哪种方法表示的都是同一种关系，但是在形式上有着"数比"和"数值"的不同。

维尼奥拉和吉罗拉莫为了用同一个单位来表示建筑和音乐中各组成部分的大小，就采用了数值这一表示方法，舍弃了数比的表示方法。反过来，也可以不统一单位，而单纯地用数值来画图，像 4(米)、2(英尺)、3(尺)等。但是如果不在数字后面标注单位，那么数字就失去了意义。也就是说，维尼奥拉和吉罗拉莫认为，在表示大小的时候不用比例关系，而是用统一的单位，这一理论是可行的。

像模数自身不是柱子的直径和半径一样，塔克图斯本身也不是具体的音值。为了能够表示各个组成部分的"大小"，这些单位必须与相关的部分划清界限，以作为一个独立存在的概念。在这之后，就可以根据每个部分与单位的比值来决定其大小了。

那么，将单位统一，用数值来表示长度这一方法与以前的表示方法有什么不同呢？

用小节来规定音值大小经过了几个阶段。就像前面提到的那样，那是一个通过相邻关系而产生的具有相对性质的复杂系统。因此，在这种情况下，第一，在规定音值大小的时候要经历几个阶段；第二，大小的单位并不统一；第三，每个部分的大小都是根据其他部分的相对大小来表示的。

建筑领域也有类似的规定方法。在阿尔伯蒂多立斯柱式的柱头部分并没有使用模数，在设定盖子部分的时候是通过柱头的全高与其关系决定的，而盖子的宽度是根据其与柱子直径的相对关系决定的。

注释:

[注一] 关于十五、十六世纪的音乐中的塔克图斯和时值等规则参照了以下书目。ウイリー・アーベル『ポリフォニー音楽の記譜法 1450 年～ 1600 年』東川清一訳、春秋社、一九九八年、クルト・ザックス『リズムとテンポ』岸辺成雄監訳、音楽之友社、一九七九年、 Busse Berger, *Mensuration and Proportion Signs*, Oxford Univ. Pr., 1993, repr. 2002; J. A. Bank, *Tactus, Tempo and Notation in Mensural Music from the 13th to the 17th Century*, Amsterdam: Annie Bank, Anna Vondelstraat，1972.

[注二] Sextus Julius Frontinus, *De Aquaeductibus urbis Romae*; Gaius Plinius Secundus, *Naturales Historiae*, 7, 56, 204.

[注三] Pomponius Gauricus, *De sculptura* (1504), Geneve: Droz, 1969, p. 241.

[注四] アルベルティ『建築論』相川浩訳、中央公論美術出版、一九八二年。

[注五] 举个例子，如果以爱奥尼亚的柱头高的十九分之一为一模数，那么在爱奥尼亚的房檐上，除去从房檐到上端边饰部分，剩下部分的十二分之一就是一模数 (阿尔伯蒂，前面提到的著作，202、208 页)。

[注六]Sebastiano Serlio, *L'Architettura, Libro Quarto*, Venezia, repr., Polifilo, 2001.

[注七] ジャコモ・バロッツイ・ダ・ヴイニョーラ『建築の五つのオーダー』長尾重武編、中央公論美術出版、一九八四年。

[注八] 另外，为了规定细部大小，还将模数分为十二份或十八份——1 parte——作为辅助单位使用。

[注九] パラーデイオ『パラーデイオ「建築四書」注解』桐敷真次郎訳、中央公論美術出版、一九八六年。

[注十] 例如，在多立斯柱式中，像圆柱、地盘、柱子下楣等部分的高度，

以及柱子中楣和三联浅槽饰的宽度等细部都用了模数这一单位，而在爱奥尼亚、科林斯、混合柱式等建筑中，模数只应用在计算柱子的高度上。

[注十一]迈克尔·卡普指出，虽然在帕拉第奥的柱式理论中采用了传统方法来记述文本，但是维尼奥拉在图纸上用数值来记录数据。并且，通过不同的阅读方法，可以进行长时间的阅读(Mario Carpo, "Drawing with Numbers", JSAH, 62: 4, December, 2003, pp. 448-469)。

[注十二]Gaffurius, Franchinus, *Theorica musicae*, Milano, 1492, repr., New York: Broude Brothers,1967; Gaffurius, Franchinus, Practica musicae, Milano, 1496, repr., New York: Broude Brothers,1979; ティンクトリス、ヨハンネス『音楽用語定義集』中世ルネサンス音楽史研究会訳、シンフォニア、一九七九年。

[注十三]Adami de Fulda (c. 1445-1505), "De Musica", *Scriptores ecclesiastici de musica sacra potissimum*, III, Hildesheim: G. Olms, 1963.

[注十四]威利·阿佩尔提出，埃达尔·冯·富尔达在其著作中首次提到了塔克图斯这一概念。另一方面，根据库尔特·萨克斯的《节奏与拍子》，第一次提到塔克图斯的意义为"打拍子"是在拉莫斯·德·帕莱哈的《音乐论》(一四八二年)中。

[注十五]Giovanni Maria Lanfranco da Terenzo, *Scintille di Musica, Brescia*, 1533, repr. Bologna: Forni,1970, p. 67.

[注十六]Orazio Tigrini, *Il compendio della musica*, Venezia, 1588, repr. New York: Broude Brothers, 1966; Fra Mauro da Firenze, *Utriusque musices epitome*, American Institute of Musicology, Hanssler-Verlag, 1984; Vicentio Lusitano, *Introdutione facilissima et novissima di canto fermo*, Venezia, 1561, repr. ed. Giuliana Gialdroni, Bologna, Libreria Musicale Italiana Editrice, 1989.

[注十七]在古希腊音乐、诗的韵律、舞蹈等领域中使用的专业术语。根

据萨克斯所说，在希腊，休止意味着强音部分，被称作"向下"或者"下"，相反，飞跃意味着弱音部分，被称作"向上"或者"上"（《节奏与拍子》，127页）。严格地说，在古希腊所用的专业术语到了古罗马时代已经发生了改变，但是文艺复兴时期的一些艺术家，仍然沿用休止和飞跃这样的词语，它们分别代表下拍和上拍。

[注十八] 但是根据作者的不同，其音符数和音符的种类也有所不同。例如，约翰内斯·廷克托里斯在《音乐用语定义集》这本书中说："二分音符是一个不可以再被分割的音符。"书中没有记载比二分音符更小的音符。另一方面，十六世纪的大多数学者，如文森特、扎立农、尼古拉·维琴蒂诺、斯蒂法诺等，都使用了从最长音符到十六分音符之间的八种音符。而弗拉·毛罗和斯海尔托亨博斯仅使用了从最长音符到八分音符中的七种音符，与之相反，吉罗拉莫的书中记载了从最长音符到三十二分音符。

[注十九] 这里补充一点，在 Prdatio 这一音乐形式中，完整 (perfectum) 经常被称作大 (maior)，而不完整 (imperfectum) 被称作小 (minor)。

[注二十] 在音乐中，实际上意味着音程中的数字比例关系，或时值中的比例关系，特别是在十五、十六世纪时，很多书中都出现了关于时值中的 Prdatio 的论述考察。根据 Prdatio 来看，单个音符或一连串的音符都是根据一定的比例来缩小和放大的（威利·阿佩尔，前面所提书籍，213～288页）。

[注二十一]Pietro Aaron (c. 1480? -c. 1550), *Compendiolo di molti dubbi, segreti et sentenze intorno al canto fermo, et figurato*, Milano, 1545, repr. New York: Broude Brothers, 1974. 关于塔克图斯的记录，可以在 Del canto figrato 的 cap. 40, 41 中找到；Nicola Vicentino (1511-1576), *L'antica musica ridotta alla moderna prattica*, Roma, 1555, repr. Basel, London, New York: Barenreiter Kassel, 1970; Hieronymus Cardanus (1501-1576), "De Musica, 1546", *Writings on Music*, tran.: Miller, Clement

A., American Institute of Musicology, 1973.

[注二十二]Stephanus Vanneus, *Recanetum de musica aurea*, Rome, 1533, repr. Bologna: Forni, 1969.

[注二十三]Girolamo Diruta, *Il Transilvano Dialogo*, Venetia, 1593, repr. Bologna: Forni, 1969. 例如，其规定为：最长音符为 8 塔克图斯，长音符为 4 塔克图斯，全音符为 2 塔克图斯，半音符为 1 塔克图斯，两个二分之一音符构成 1 塔克图斯，四个四分之一音符构成 1 塔克图斯，八个八分音符构成 1 塔克图斯，十六个十六分音符构成 1 塔克图斯，三十二个三十二分音符构成 1 塔克图斯。

[注二十四]Adriano Banchieri, *Cartella musicale nel canto figurato, fermo & contrapunto*, Venetia, 1614, repr. Bologna: Forni, 1968, p. 37.

[注二十五] クルト・ザックス「リズムとテンポ」、前面提到的著作。

第六章　风格主义的实验与融合

在文艺复兴与巴洛克的夹缝中

人们认为，美术史上的文艺复兴在一五二〇年迎来了终结。但建筑和音乐在十六世纪则表现出了非常理想的、和谐的美感，而且这两个领域在美感上都到达了巅峰。建筑领域的代表人物就是有名的建筑学家布拉曼特，而音乐领域的领军人物就是帕列斯特里纳了。布拉曼特在一五一〇年完成了坦比哀多庙这一有名的建筑，而在比这晚一些的四十四年后，也就是在一五五四年，帕列斯特里纳创作了弥撒曲第一集。前者设计了可以与古代神殿相媲美的圆形建筑，而后者则创作了音色均等而又完全和谐的音乐。因此，可以说人们在感叹文艺复兴时期艺术家的杰作的同时，也在逐渐脱离一种完整性，并追求新的理想。这个令艺术家苦恼的时代正是风格主义时代。

文艺复兴时期，出现了很多想把音乐与语言融合进行作曲的音乐家，此时，天文学家伽利略·伽利雷的父亲文森佐·伽利略对此问题进行了更加深入的研究 [注一]。简单概括一下，文森佐·伽利略当时的主张就是：能够完全表现歌词的旋律是唯一的。如果以此主张为前提进行研究，那么像帕列斯特里纳所作的曲子那样，将单一的歌词用四种音和旋律的重叠来表现的音乐的对位法就不成立了。但是，也可以说依赖于语言的音乐是通过"文学"来表达音乐所要表达的内容的。

另一方面，建筑设计到达顶峰之后，又出现了这样一种现象，那就是将窗框和柱子这样的建筑结构也作为一种抽象的雕塑来处理。例如，阿莫内特设计的卢卡的宫殿（图一），从外观上来说，我们可以看到爱奥尼亚柱子的柱头和柱身被去掉了一部分，进而与墙壁融合在一起。但是，没有功能的柱子也就不再是柱子了。另外，值得一提的是，在米开朗琪罗所设计的建筑物中，不论是窗框还是柱子，都可以认为是表达作者个性的一种"雕塑"。

图一：卢卡宫殿的中庭正面图

实验与语言

建筑史中的风格主义时代被定义为从文艺复兴时期向巴洛克过渡过程中的一段不安定的时代。一方面，从时间上来看，音乐领域的风格主义流行的时间比建筑领域的更短，"大部分音乐史书中并没有提到过风格主义，而是直接从文艺复兴时期过渡到了巴洛克时期。可以说，当时的建筑和音乐有以下几个共同点。第一，两个领域都脱离了文艺复兴时期的常识，进行了许多大胆的实验；第二，无论是音乐还是建筑，都在向着依赖其他艺术形式的趋势发展。

音乐领域中的风格主义时期被称作实验时代，在此期间，还有很多其他的活动也在一起进行。在文艺复兴时期，那种声音清澈而且和谐的音乐是最理想的音乐。但是，渐渐地，人们的追求比以前的和谐更高了一层，并且进行了许多尝试性的探索。在摸索新的音乐表达形式的过程中，便诞生了"强弱法"。在现在的西洋音乐中，强 (forte) 和弱 (piano) 这种表示方法也是在风格主义时期由艺术家发明的。并且，在这个时期还出现了另一类作曲家，比起旋律来，他们更注重通过歌词来表达情感。例如，有的作曲家完全依据歌词的抑扬顿挫来创作其相应的旋律。甚至出现了这样一群作曲家，他们不仅放弃了音乐上的表达，而且开始轻视那些不能表达语言的乐器。

在风格主义时期，不仅进行了"强弱法"等音乐表现上的实验，并且作出了与歌词相符的旋律。虽然两者乍一看没有什么联系，但是两者都是从一种欲望出发的，即通过音乐来表现情感。对歌词的处理还存在着与上述相反的方法，这些可以从同一作家的不同曲目中找到答案。也就是说，当时的音乐家，有时候追求只依靠音乐的纯粹的表达方式，但是有时候又会对这种纯粹的表达方式半信半疑，进而选择用语言来表达情感。

出现上述相互矛盾的状况又说明了什么呢？在风格主义时期，虽然有音乐家追求表达情感的纯粹的音乐表现形式，但是这些创作者并没有把音乐表现形式当成自己的风格。他们虽然靠着一股冲动追求情感表达，但是苦于怎么也找不到表达方法。总之，风格主义时期的音乐家虽然想要通过音乐来表达他们的情感，但是找不到表达的技巧，可以说进退维谷。于是，这些创作者开始进行新的尝试。他们在运用文艺复兴时期正规曲子中的各种要素的同时，还创作了一些与之前不同的音乐。

但是，依赖于语言的音乐表达不能被称作真正的音乐上的表达，只不过是用"文学"手段——歌词彰显了想要表达的内容而已。就连强弱法也没有被完全阐释出来，只不过停留在了"实验"阶段。这两个举动都针对同一课题，即找出"如何表达情感"这一问题的解决方法。但是，这个时代的音乐家最后也没有找到解决这一未来课题的方法。音乐上的风格主义时期虽然存在着想要表达的欲望，但是当时还没有人知道具体的表达方法。

米开朗琪罗的冒险

然而，风格主义时期的建筑有没有陷入像音乐领域一样的困境呢？所谓的困境就是，虽然想要直接倾诉心中的想法，但是怎么也找不到表达方式，不能把表达方式变成自己的风格。还有，就像"音乐"上的表达依赖"文学"一样，建筑上的表达又依赖于哪种艺术形式呢？文艺复兴时期的窗框、柱子和封檐板，无论在结构上还是在理论上，都有其一贯的主张。但是，到了风格主义时期，设计者则将窗框和封檐板作为一种平面上的主题进行设计（图二）。文艺复兴鼎盛时期的作品已经具有古典的建筑风格。风格主义时期的建筑学家在感叹着文艺复兴时期的建筑作品的同时，也深刻地意识到，要想凌驾于那个时期的作品之上根本就是不可能的，或者可以说，在建筑领域已经没有施展空间了 [注三]。因此，风格主义的建筑家一直都没有跨越文艺复兴时期的壁垒，也许只是逞强而已。

在风格主义时期的建筑中，我们可以看到文艺复兴时期所没有的空间表现力。在米开朗琪罗设计的劳伦齐阿纳图书馆中，楼梯的设计显得非常生动(图三)。文艺复兴时期和之前的楼梯设计都很单调，楼梯一般是直线型的，很窄，并且两边有墙，楼梯的上面是圆筒形的拱顶(图四)。但是在米开朗琪罗设计的前室里，在中央设计了独立的楼梯。另外，根据文艺复兴时期的建筑设计原理来看，两个房间的顶棚高度差与地板的高度差几乎一样[注三]。也就是说，前室的顶棚应该比阅览室的顶棚更低一些才对。但是，米开朗琪罗当初试图将房间顶棚的高度与旁边阅览室顶棚的高度拉齐。不过，为了改善采光，他最终进行了修改，修改后的房间高度比阅览室的高度更高。如果

图二：布翁塔伦帝、贾科莫·德拉·波尔塔。入口上面的人字墙被分割开了，左右颠倒

图四：维琪奥王宫的楼梯

图三：劳伦齐阿纳图书馆的前室

现在去前室参观，就会觉得房间的顶棚被提到了一个不自然的高度。另外，虽然墙壁是内部空间，但是被设计师设计成了外墙，就好像将外墙翻过来面向室内包围着楼梯一样。

在米开朗琪罗设计的卡比多利欧广场中，我们可以看到，巨大的柱子贯穿了两层楼（图五）。这是在古罗马时期不可能存在的建筑设计。在米开朗琪罗进行这种新尝试的时候，还有一个更值得关注的地方，那就是柱子的使用方法。与科林斯柱式不同，在爱奥尼亚柱式中，上墙由两根柱子支撑着，在原本一根柱子的空间中设计了两根柱子。在此，为了能够将两层的建筑统合在一起，米开朗琪罗在一个建筑物里同时使用了这两种柱式。巨大的副柱、二楼的圆柱、上层窗台的小圆柱，所有设定的这些圆柱的关系实际上是非常复杂的，它们和十五世纪根据单纯的比例关系来设计的建筑是完全不同的。在风格主义时期，设计者对建筑进行了一系列"实验"。

风格主义时期的建筑实际上表达着一种感情。在劳伦齐阿纳图书馆中的前室，我们可以看到房间里似乎充满了楼梯的设计，设计者米开朗琪罗通过这个设计向人们传达的是一种在文艺复兴时期的建筑中所没有的活力（图五）。值得一提的是，无论是设计中奇异的建筑比例所独

图五：卡比多利欧广场

有的空间感、不自然的柱头设计，还是壁柱的翘托，当时都给了人们巨大的视觉冲击。在米开朗琪罗设计的圣洛伦佐大教堂中，美第奇家族礼拜堂也沿用了此类风格（图六）。如此，建筑便不依赖于其他艺术形式而独立表达了设计者的意图。

图六：圣洛伦佐大教堂的美第奇家族礼拜堂（新圣具房间）

是建筑还是雕塑

但是，如果追究其细部，那么从真正的意义上来说，实际上既不是"窗框"也不是"翘托"。如果"翘托"不能够支撑重物，而窗框上没有玻璃，那么它们也就不能称为"建筑物"了，这些部分就变成了失去功能意义、形式化了的符号而已。像这样，以建筑的外形为主题，把建筑完全作为一种装饰来看，毫无疑问是和"雕塑"非常相近的。

在风格主义时期，比起建筑来说，建筑里面的雕塑更受大家的关注。在帕拉第奥的作品中，很多地方都使用了雕塑的元素。在马力诺宫殿和斯巴达宫殿中，我们可以看到雕塑与建筑的关系变得更加密切了。建筑仿佛成了雕塑的一个背景。虽然在圣洛伦佐大教堂中，美第奇家族礼拜堂里也有很多雕塑的身影，但是这不仅是因为设计者在表达一种心情，而且墙壁上的窗框和柱子本身就带有一种雕塑的效果。

在风格主义时代，人们不再满足于文艺复兴时期建筑物的一成不变，而是追求一种激发人们内心世界的表达方式。后面的时代总要做一些超越前面时代的尝试。文艺复兴时期的建筑呈现的是一种透明的空间，这虽然使得建筑的美达到了极致，但是无法再激起人们的感情。然而，风格主义时期的建筑物在追求能够积极表达情感的建筑理念。例如，文艺复兴时期建筑的柱子以结构上的要求和比例为基础，虽然具体地再现了空间和谐的建筑物，但是表达不出特定范围以内的感情。外墙的窗户也一样。但是，米开朗琪罗意识到了建筑可以表达设计者的心情这一点。无论是没有窗户的窗框还是室内的封檐板，都不是一种实现功能的设施，而是一种纯粹的表现手法。

值得一提的是，米开朗琪罗还是一位雕塑家。正因为如此，他才不受建筑规则的束缚而自由设计吗？并不是这样的。与之相反，米开朗琪罗是在熟知了古典建筑的规则以后，又把知识用到了雕塑中。并且，在雕塑的世界中，他已经掌握了积极表现内心世界的方法。他扭曲自己的身体，以展示一种新的表现方法。所以，他意识到建筑中的柱子和窗也可以按照同样的方法进行设计。米开朗琪罗设计的圣洛伦佐大教堂的室内不仅放了很多雕塑，就连房间内部本身看上去也像是以建筑为主题的雕塑一样 [注四]。笔者认为，虽然米开朗琪罗不是建筑学家，但他是一个使建筑令人惊讶的雕塑家，他所取得的成果是职业建筑师没有做到的。乔治瓦萨里曾对米开朗琪罗这样评价：他就是一个打破陈规的人。米开朗琪罗在建筑表现方面提出了一种新的表现方式 (图七)。

当然，风格主义时期的建筑师并不想完全放弃通过"建筑"来表达的这一方法，也不想让建筑完全依赖于"雕塑"。在风格主义建筑中采用的古

图七：米开朗琪罗和皮娅门（各种各样的建筑主题都被融合在一起）

典主义主题装饰被看作对文艺复兴时期完美建筑物的一种消极抵抗。虽然它们在结构和理论上是没有意义的，但是有时候被看作抽象的雕塑。风格主义时期的建筑师将文艺复兴全盛时期的完美和谐的建筑颠倒过来把玩之后，试图获得相对独立的地位。

进退两难的时期

像这样，在建筑领域和音乐领域产生了两种相同的现象。

建筑师为了在建筑上寻求新的表达方式而进行了许多实验，有时候还借助雕塑来补充表现所欠缺的部分。也许和音乐一样，音乐就是为了表达情感才将语言加入音乐之中的，也就是说，在风格主义时期，在建筑和音乐领域，许多实验都对雕塑和语言产生了一种依赖。或者说，为了达到目的，依赖"雕塑"和"文学"这种行为本身就是风格主义时期一项最大的实验。这个时期的建筑师超越自己的技术，超越不同的艺术领域而追求表达方式的强烈和热情，我们在此也能感知一二。

以上叙述的两种共同点可以被认为是在以下背景中产生的。虽然在建筑领域和音乐领域，人们的理想发生了很大的变化，但是实际的建筑和音乐是不可能马上发生变化的。在这个变化的连接点上，我们看到了理想和现实之间的差异，而接受这种差异和矛盾的正是风格主义。

关于和谐美，可以说已经达到了巅峰。但是，正因为如此，后世的建筑师才想要在建筑中加入新的和谐美以外的主题，音乐家也尝试着表达自己的情感。同时，他们直接面对的一个难题就是在样式的框架内表现自己的情感。正因为建筑和音乐都是非描写性的艺术形式，所以就算想要通过作品来振奋人心，那也是非常困难的，它们既不能像绘画和雕塑那样直接描写哀叹的表情，也不能像文学那样描写人们内心的想法。正是为了能够更加直接地表现内心的想法，风格主义时期的建筑师和音乐家才决定借用描写艺术的力量。正好，对音乐来说，语言能够直接传达情感，而在建筑中，雕塑也起着与语言一样的作用。但这两种方式都不是通过建筑形式和音乐形式来表现的。

在风格主义时期，无论是建筑师还是音乐家，都朝着摆脱旧规范这个目标努力。当时，他们不仅仅满足于和谐美。虽然他们只有文艺复兴时期的一些道具和规范，但是他们心中所盼的并不是文艺复兴时期的创作风格。这些艺术家一方面被前一时代的各种秩序束缚着，另一方面又非常想摆脱这种束缚，可谓处于摸索时期。艺术家通过建筑和音乐来表现什么呢？用什么方式来表现呢？风格主义的表现手法不仅没有成形，而且歪曲了文艺复兴时期的和谐美，通过让外部轮廓变得散乱不堪而最终暗示出了艺术家的欲望和热

情 [注五]。这些艺术家有时候更偏重于用雕塑和语言来表达内心所想,而把建筑和音乐放在一边。但是这样一来,"建筑"不再是"建筑","音乐"也不再是"音乐"了。这时的建筑界和音乐界必须发明一种自己领域固定的表达方式。

在风格主义时期,无论是建筑师还是音乐家,都陷入了一种进退维谷的境地,就好像不能自由操控语言的外国人一样。对这一点感受最强烈的也许是这些艺术家自身。他们不能很流畅地用语言来表达自己的意识和想法。当冲破这层阻碍的时候,也就是说当建筑和音乐作为独立的艺术形式具有各自的表现方式的时候,风格主义时期就结束了,这也是巴洛克时期的开端。

注释：

[注一] ドナルド・ジェイ・グラウト＋クロード・V・パリスカ『新 西洋音楽史 (上)』戸口幸策＋津上英輔＋寺西基之訳、音楽之友社、一九九八年。

[注二]『建築学体系5 西洋建築史』彰国社、一九五六年。

[注三] パウル・フランクル『建築造形原理の展開」香山寿夫監訳、鹿島出版会、一九七九年。

[注四]J. サマーソン『古典主義建築の系譜』鈴木博之訳、中央公論美術出版、一九七六年。

[注五] アーノルド・ハウザー『マニエリスム (上)』若桑みどり訳、岩崎美術社、一九七〇年。

第七章　巴洛克时期的不完整性

挖掘建筑的空间

本章我们来考察一下从文艺复兴时期到巴洛克时期的建筑物轮廓上的变化。

关于建造理想神殿的地理条件，阿尔伯蒂在《建筑论》这本书中这样描述，"这个地方必须与世俗的污秽相隔绝，而且是有意于彰显自己的土地"，且"土地的面前空旷辽阔，具有相匹配的前庭，宽阔的道路，或者被几个庭院包围着，无论从哪个方向看去，这个地方都必须显眼"。具有这种建造条件的建筑物，如蒙特普齐亚诺的圣比亚焦大教堂。在远离城市的土地上建造的教堂从周围的环境中独立出来，并且保持了建筑物的完整性（图一）。托迪的慰藉圣玛利亚教堂也建在了远离城市中心的地区，其内部拥有自己的世界。在阿尔伯蒂看来，建筑物并不是与周围的环境融为一体的，而是独立存在的，这种状态才是理想状态。

中世纪所建造的教堂从平面上来看是呈拉丁十字形的，也就是纵向长度大于横向长度，这也是当时那个时期的主流建筑风格。到了文艺复兴时期，建筑风格发生了改变，建筑师倾向将教堂设计成希腊十字的形状，也就是纵向长度与横向长度相等。希腊十字形比拉丁十字形在平面上多了一个对称轴，所以人们认为希腊十字形更加接近完美的形状。如果将希腊十字形的平面再加以改进，也就是使其更加趋于完整图形，那就只有把它改成圆形了。事实上，以阿尔伯蒂为首的众多建筑师都非常推崇圆形[注一]。理想的建造地和完整的圆形，达到这两者完美结合的就是布拉曼特设计的坦比哀多庙了(一五一〇年)(图二)。无论是在城市中心还是在广场上，建筑物的内部都独立于外部环境而独自拥有一个小宇宙。这就是文艺复兴时期建筑物的一种理想模型。当然，不是所有文艺复兴时期的建筑物都是这样。值得一提的是，坦比哀多庙受到了同时代多个建筑师的赞赏，它成了成功塑造理想建筑物的模样。

不管怎样，如果将注意力放在文艺复兴时期建筑物的外墙，就可以发现，大多数的外墙都是平面的，或者是凸出的膨胀的形状。相反，几乎没有将建

图一：蒙特普齐亚诺的圣比亚焦大教堂

图二：坦比哀多庙

筑物的外墙设计成凹陷形状的。
例如，在梵蒂冈宫殿中的贝尔维
蒂宫中庭一侧的正面部分 [第八章
图七]，以及在朱利亚别墅（图三）
中都可以看到面向中庭的街道、广
场那部分的城市空间与建筑物之
间是通过墙隔离开的，也就是说建
筑物事实上并不是直接与外界联
系的。文艺复兴时期的建筑物在相
对外面环境独立的同时，也绝对不
侵入其内部空间。

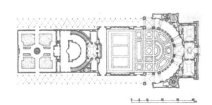

图三：朱利亚别墅

　　另一方面，在巴洛克建筑中，内部各个房间的设计都融入了整体建筑
物中。就连在文艺复兴时期维持的完全独立的附属空间，到了巴洛克时期也
变得不再完整 [注二]。之后，巴洛克建筑在外墙的轮廓上失去了独立性。
像这种现象，我们可以从巴洛克建筑中频繁出现的凹形墙壁中看出来。如果
在建筑物内部出现凹形的墙壁，并不会显得有多么不自然。在圆形的房间里，
或者在半圆形的壁龛中，经常能看见内部的墙壁是凹形的。与之相对，外部
的墙壁也就变成了凸出来的形状。但是，如果凹形出现在了外墙上，那么看
上去就会非常不自然。这是因为在建筑物内部出现了凸形，那么在内部再营
造一个完整的空间就变得非常困难了。不论是圆形的建筑还是希腊十字形的
建筑，都没有出现这种轮廓不自然的情况。但是，将凸出的圆弧形改成凹形
的时候，外墙就会显得非常不自然，建筑物看上去也就变得不完整了。

我们来看一下巴洛克建筑的巨匠弗朗西斯科·博洛米尼的作品。无论是在圣安德烈亚教堂的圆顶上，还是在菲利皮尼钟塔（图四）上，我们都可以看到圆柱的一部分被大胆地去掉了，只剩下了残留的部分。圣依华堂的顶部（图五）被有规则地切割，在中庭的正面上，凹形弯曲的外墙包裹着里面中庭的空间。圣卡罗教堂上波浪形的正面采取了上下层为凹凹凹，而上层为凹凸凹的形式，形成了蜿蜒的表面，这样的

图四：菲利皮尼钟塔（圆柱的一部分被去掉了）

建筑物看上去就像是不完整的碎片一样（图六）。圣艾格尼丝大教堂的正面虽然是凹形的墙壁，但是作为矩形的建筑物，只有中央部分从纳沃那广场的一侧显现了出来。

图五：圣依华堂的顶部的平面图（可以看见，平面图上有均匀的凹陷形状）

图六：圣卡罗教堂（正面是波浪形的）

无论是上述的哪座建筑，看上去都像是不完整的物体。这就好像在平面上取出曲奇饼后残留的面饼一样，只剩下了被挖走之后留下来的部分。也就是说，与文艺复兴时期的建筑轮廓相比，巴洛克建筑的轮廓有着其独特的不完整性。

没有声响的时期

　　下面，我们来考察一下从文艺复兴时期到巴洛克时期的音乐。如果研究文艺复兴时期的乐谱导入部分，我们就可以发现，曲子是从一小节的第一拍开始的（图七）。可以说，音乐从最初发出声音的这一瞬间开始，整个曲子就开始了。这也许被认为是理所当然的，但是根据萨克斯所说，文艺复兴时期的音乐家演奏曲子的开头一半是出于必然性，而另一半则是出于艺术家的意图 [注三]。当

图七：文艺复兴时期的音乐（奥凯格姆，弥撒曲《Mi-mi》。上图为原创，下图为改写成的现代乐谱）
· 第一个音奏响的时候乐曲就开始了
· 没有小节线
· 各个声部的乐谱是分开书写的

时的音乐家不喜欢从拍子的中途开始音乐，而是"将上拍（弱拍，或者说里拍）向前延伸，直到贯穿整个小节"。如果是这样，曲子就从下拍（强拍，或者说表拍）开始，也就是可以"避开空白而开始"。在完整的形式下听文艺复兴时期音乐的时候，谁都能够理解曲子的开始部分。

另一方面，巴洛克音乐和文艺复兴时期的音乐不同，它在导入部分就开始了整个曲子。可以看到，很多曲子都不是从一小节的第一拍开始的，而是从小节的中途开始整个音乐的（图八）。并且，巴洛克音乐不仅从小节开始，而且在打拍子的部分有很多都是没有规律可言的 [注四]。作曲家"不从小节的第一个音出发，而是完全打破常规从休止或空白开始"。这样的曲子不是从一小节就开始的，所以开始部分是不完整的。另外，连打拍子都是不按常理的，所以就连开始部分也是不完整的。如果听这样的曲子，由于旋律是从休止或空白开始的，所以"听者会觉得实际的音乐开始部分是不完整的"。

为什么巴洛克的音乐家要以这样不完整的形式开始音乐呢？

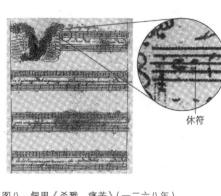

休符

图八：佩里《杀戮，痛苦》（一二六八年）
·乐曲从休止符（空白）开始
·有小节线
·多个声部合用一张乐谱

在考虑这个问题之前，为了将时间整理成一个体系，我们需要先知道"拍子"的概念。在巴洛克时代，产生了包括和弦写法和和谐在内的近代技术。

另一方面，文艺复兴时期的音乐还没有近代拍子的概念，拍子是由"塔克图斯"来决定的。但是，塔克图斯说到底还只是拍子的单位，并不是规律地组合好的强拍和弱拍的时间性组织。通过对位法而作出的曲子，虽然根据共同的拍子规定了速度，但是各个声部相互交错，所以如果以现代人的眼光来看，就会发现曲子中节奏的方向性是非常不明了的。

到了巴洛克时期，节奏和拍子的两层结构就被当作主旋律和通奏低音分开了。这里的拍子指的是强拍和弱拍有规律地不断重复而形成的一种时间上的组织，在一定的间隔后就会出现一条小节线。据国安洋说，出现小节线的最早的音乐总谱可以追溯到一五七七年，这种乐谱普及是在十七世纪，拍子记号像今天这样被大众使用普及是在一六五〇年 [注五]。

正如上面所叙述，在文艺复兴时期是没有现代的拍子记号的。因为客观上没有拍子作为记号，所以只要曲子的旋律一旦开始，那么音乐也就同时开始了。另一方面，具有不完全导入部分的巴洛克曲子在旋律开始之前就已经开始打拍子。像这样开始乐曲，实际上，拍子超越了听者实际听到的音乐。正是通过假定存在这种拍子，才实现了音乐的这种表达方式。

我们可以用比喻的方法理解乐曲中旋律与拍子的关系，旋律就是我们在日常生活中所发生的事情，而拍子就是用时钟来表示的时光流逝。人们都有自己独特而固有的时间感，开心的时候觉得时间过得飞快，而不开心的时候就觉得时间非常漫长。但是，用时钟来表示的时间，无论人是在睡觉还是醒着，都以一样的速度流逝。不管是从地球的角度来看，还是从个人的体验来看，在世界上发生的事情都存在于这个客观的时间坐标轴上。与此相同，音乐里的拍子也是不间断地以同样的速度一直进行着的，无论是有旋律的时候，还是有音休止的时候。就算是没有声响的时间也应该被计算在内。在曲子中，音乐的旋律有时候会在中途停止，但拍子是绝对不会停止的，它贯穿了整个音乐。

在巴洛克音乐中，实际上那些从小节的最后部分开始的乐曲，在曲子开始之前，就必须意识到拍子的存在。如果在乐曲开始之前没有拍子，那么这种乐曲也是创作不出来的；正是由于艺术家感知到了超越曲子实体而存在的客观的时间坐标轴，才能创作出此种曲子。像这种从小节的中间开始的曲子，无论是听者，还是演奏者，都必须在出声之前意识到拍子的存在，否则，无论如何也不能正确地欣赏或演奏这种曲子。如果想要理解这样的曲子，那就必须意识到拍子这一概念。

从完整到不完整

和音乐一样，巴洛克建筑中也出现了许多不完整的形态。巴洛克建筑的凹形曲面墙壁没有独立的形体，看上去就像碎片一样不完整。就好像巴洛克的乐曲是从中间开始的一样，在巴洛克建筑中，总是能在中间的地方突然出现一面墙。但是，这样的墙，也许暗示着眼睛看不见的空间。那么，我们就能很容易理解这些建筑的不完整性了。例如，在圣依华堂（图九）中庭的正面，凹形曲面的外墙包围着中庭的这段空间。

另外，我们还可以看到圣伊格那修广场那不完整的墙壁（图十）也呈现着非常奇妙的形态。如果仔细观察，就会发现位于广场上的三个看不见的椭圆形空间的轮廓。这也是在感受到看不见的空间以后才能理解的。进而参观

图九：圣依华堂

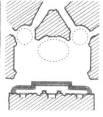

图十：围绕圣伊格那修广场的建筑物

者也能将这个建筑物作为一个整体来进行欣赏和理解。如果在设计过程中经常意识到中庭的部分，并且设计外墙的时候也意识到前面的广场，那就不会觉得这个建筑物的形态不自然了。因为中庭本来就是建筑的一部分，广场也必须和建筑融为一体，只有这样才能建造出一个城市空间。

但是，在贝尔纳多·维托内设计的格里尼亚斯科教区教堂（图十一）和菲利波·尤瓦拉设计的圣安东尼奥大教堂的前面，并没有设计庭院和广场的部分。两个教堂前面只不过是人来人往的街道，这只是对建筑物来说的外部空间。也就是说，这样的建筑物的设计师努力将建筑物与外部空间联系在一起，在两者之间建立某种联系。在梵蒂冈大教堂的贝尔维蒂宫和朱利亚别墅的凹形墙壁前面都有前庭。也

图十一：格里尼亚斯科教区教堂

就是说，这样的建筑并没有要和外部世界相联，而是筑起了一道大墙把建筑物隔离在墙内。但是，在巴洛克建筑中经常出现与外部空间相联的建筑。这种建筑将世界看作无限延长的空间，而所有的建筑都是这个空间的一部分。

我们再来看一下弗朗西斯科·博洛米尼设计的圣玛利亚·德·塞特·多洛里大教堂，可以发现教堂的正面部分也是教堂前面空间里轮廓的一部分。这种不完整的圆弧形通过体现人眼看不到的空间而使整个建筑物变得完整。据说，里斯本的 Divina Providencia 正面的轮廓线就像圣卡罗教堂一样，中间是凸面，左右是凹面，这样就形成了波浪状，左右的凹面正暗示着在建筑物之外还有礼拜堂这一事实。此时，建筑物的实际空间就成了无限延伸的广阔空间的一部分了。

不完整的建筑物，正是因为用看不见的空间补充才变得完整。无论是我们有没有注意到，就像时间是客观流逝的一样，无论在哪里都有空间存在。一切事物都存在于空间这个坐标当中。就算没有建筑物或者其他物体存在，看不见的空间也确确实实地存在于坐标当中。也就是说，巴洛克建筑只是从大空间中抽取的一部分空间，我们必须要意识到看不见的空间是存在的。

如果意识不到看不见的空间，只看建筑本身，那就会感觉建筑是不完整的。巴洛克建筑仿佛就是世界的一部分。虽然墙体包裹着建筑物的内部空间，但是建筑物对外部世界是敞开的，与看不见的空间一直保持着一种联系。当然，就像不是所有巴洛克音乐都从乐曲中间开始一样，巴洛克建筑也不全是设计成凹形外墙的。但是，巴洛克建筑向周围无限延伸其空间，意识到听不见的音和看不见的空间实际上是不可逆的。

所谓的巴洛克时期不完整的建筑和音乐，就是通过用看不见的空间和听不见的拍子补充才变得完整的建筑和音乐。这两者都是通过超越客观实体而位于坐标上的。在巴洛克时期，艺术家在意识到普遍的空间和时间的基础上，进行了新的创作。不完整的巴洛克建筑和音乐都强制观者和听者意识到其空间和时间。这让鉴赏者深深地感受到了普遍存在而又无限延伸的空间和时间。如果不能意识到无限的空间和时间，那就无法理解巴洛克时期的建筑和音乐了。

由多中心向单一中心变化

我们再从其他角度来看一下文艺复兴时期的完整性到巴洛克时期的不完整性的变化过程。在此，我们可以以保罗·弗兰克的著作《建筑造型原理的展开》为基础，来看一下这一时期艺术形式在构成上的变化 [注六]。

在文艺复兴时期，经常见到那种以一个主体空间为中心，其他附属空间围绕主体空间的建筑物。我们可以看一下圣玛利亚教堂和圣灵教堂的圣具室的平面图。虽然这些附属空间相对中心空间来说是从属部分，但是每一个附属空间都是相对独立的。就算在长方形廊柱式教堂里，也能看见附属空间

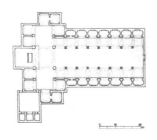

图十二：圣洛伦佐大教堂

的部分。无论是佛罗伦萨的圣洛伦佐大教堂（图十二），还是位于曼托瓦的圣安得烈亚教堂，我们都能发现在教堂的侧廊有相互隔离开来的一列礼拜堂。这些礼拜堂虽然相对于侧廊是分开的，但是因为剩下的三面都是封闭的，所以这些礼拜堂也是相

对独立的。可以说，在文艺复兴时期，建筑空间的构成逐渐演变成了多中心的结构。也就是说，建筑物是所有部分集合后的完整体。

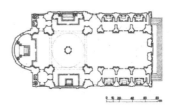

图十三：耶稣大教堂

另一方面，在很多巴洛克建筑中，其附属空间都失去了自己的独立性。例如，在耶稣大教堂（图十三）中，周围的礼拜堂都分别被圆顶所覆盖，互相结合在一起，失去了其独立性。罗马的圣卡特里纳教堂的礼拜堂因为太小了，所以也失去了其独立性，只是成为祭坛旁边一个单纯的凹陷部分而已。巴洛克建筑的礼拜堂逐渐被融入主体空间之中。也就是说，建筑物成了相互补充的不完整的几个部分的集合。从维也纳的安康圣母教堂的平面图 [序图三] 上来看，主体空间周围的放射性空间由于向周围的空间延伸，因此失去了独立性，成了主体空间的一部分。就这样，建筑上的附属中心逐渐和主体中心合为一体了。

在巴洛克教堂中，空间群体变得越来越不明了，本来独立的空间相互结合，最终被主体空间吞没。这样，巴洛克建筑就发生了由多中心结构向单一中心的变化。这种潮流最后也带来了顶棚高度较为固定的礼堂教堂结构。在巴洛克时期，建筑物的附属空间失去了自己的独立性，变成了不完整的碎片，最后融入了一个中心的空间里。结果，所有部分都成了围绕一个中心的空间。

从复调音乐到主调音乐

那么，同一时期音乐上的构成又发生了什么变化呢？

文艺复兴时期的音乐直到巴洛克时期，都是以复调音乐为主流的。无论是复调音乐还是主调音乐，都是由不同旋律同时演奏的多声部音乐，但是两者的构成不尽相同 [注七]。复调音乐中的四个组成部分分别为第一声部、第二声部、次中音声部和最低声部，这四部分所占的比例都是均等的，在乐曲中也不相上下。这四个声部没有主从之分，四个部分平等地彼此联系在一起，然后编织成了乐曲这个整体 (图十四)。

与此相对，到了巴洛克时期之后，多声部音乐变成了以主调音乐为中心。在主调音乐的构成中，其中一个声部是占绝对主导地位的，而相对来说，别的部分只不过是附加的和弦而已 (图十五)。现在像流行音乐之类的乐曲都

图十四：复调音乐。各个声部的关系都是平等的

图十五：主调音乐。主旋律 (最上部的乐谱) 占绝对的优势地位

是以主调音乐为主流的。这是因为最上部分的旋律变成了中心部分，所以听者听上去更加容易，而且感觉更加接近音乐本身。如果放在管弦乐队中，那就更好理解了，通常，首席小提琴在乐队的乐器组成中所占的数目是低音弦的两倍左右。

但是在多声部音乐中，复调音乐的各个声部是不分优劣等级的，各个声部都是对等的，而且乐曲的中心也分布在各个声部中，进而构成了多中心的乐曲。另一方面，在主调音乐中，只有一个声部是乐曲的中心，而且占绝对的优势地位，别的声部只不过是具有辅助作用的组成部分而已。在主调音乐中，主旋律的音乐构成乐曲的中心，从这一点上来看，可以说主调音乐是单一中心构成的音乐。

无论是建筑领域还是音乐领域，像这种多中心的音乐构成不仅仅是一个整体作品，音乐中的每个部分也都有自己的一片天地。我们转过来看一下文艺复兴时期的建筑，这一时期的建筑有很多是通过附加独立的空间建造出来的。因此，建筑作为整体来说不仅是一件完成品，而且各自的空间都是独立的。并且，文艺复兴时期的音乐也不仅仅是一件完整的作品，每个声部都有独立的旋律，而且所有瞬间的音响都为完成各自的和弦服务。

在与此相对的单一中心构成中，每个部分都只不过是整体的一块碎片，所有的碎片组合到一起才能完成一首完整的曲子。在巴洛克建筑中，附属空间都是不完整的，只不过是被细分的碎片而已。但是把这些碎片组合到一起，就能建造一个完整的世界。与此相同，在主调音乐中，只有将全部零星的音组合到一起才能产生一种和弦，仅仅作为碎片的音是没有意义的。另外，因为主调音乐的本质在于进行着的和弦，所以就连乐曲的主旋律也不能单独地完整表达整个曲子。像这样，主调音乐通过将所有的声音组合在一起，形成了和弦，最终创作出了完整的曲子。

注释:

[注一] ルドルフ・ウイットコウワー「ヒューマニズム建築の源流」中森義宗訳、彰国社、一九七一年。

[注二] パウル・フランクル「建築造形原理の展開」香山壽夫監訳、鹿島出版会、一九七九年。

[注三] クルト・ザックス「リズムとテンポ」岸辺成雄監訳、音楽之友社、一九七九年。

[注四] 同前。

[注五] 国安洋「音楽美学入門」春秋社、一九八一年。

[注六] フランクル、前面所提書目。

[注七] 皆川達夫「バロック音楽」講談現代新書、一九七二年。

第八章　以巴赫为跳板考察建筑与音乐

通过比喻来表现的巴赫和建筑

据说一七四七年，巴赫的次子带着巴赫来到了柏林新建的歌剧院，当到了歌剧院的时候，巴赫就马上指出了歌剧院音响效果上的优点和缺点。而且，在观察同一建筑物的餐厅时，巴赫观察到了圆形的顶棚，并一针见血地提出回廊的声音只能在餐厅斜对面的角落听见。连建筑师都没想到这个建筑会具有这样的音响效果。这样的奇闻轶事表现了巴赫对作为音响空间的建筑有着直观的体验 [注一]。另外，巴赫还对风琴有很深的研究，人们在风琴的制作和改造方面经常咨询巴赫的意见。此外，巴赫在圣布拉修斯大教堂提出了详细的风琴改造计划。教堂里的风琴也许是与建筑物最接近的乐器了。另一方面，罗马时代的维特鲁威在编写建筑类相关书籍的时候，在书中写了建筑师应该通晓音乐方面的理论知识，并且还解说了风琴的制作方法。就这样，巴赫和建筑有了交点。维特鲁威认为，水力风琴应被看作"建筑的组成部分"之一，而教堂的手风琴则不是教堂的组成部分。

很多书中都这样记述巴赫的曲子，那就是从巴赫的曲子中，可以感受到建筑给人的一种印象。很多人都意识到了这一点。比如以下几位学者：波里斯·德·希略泽在《巴赫的美学》一书中指出，在听赋格曲的时候，好像就在远眺着一座建筑一样，该书不断地提到了关于建筑的许多内容 [注二]。另外，在阿贝特的《平均律键盘曲集》中，作者也提到了在曲子中感到"压倒性的建筑结构"等看法 [注三]。阿贝特认为，正因为音乐中具有数学上的严谨性，而且又有其统一性，所以才可以将其和建筑艺术的杰作相比。曾经有人说过，巴赫的曲子会让听者想到"巴赫的曲子表达的正是一种均衡和完整，欣赏巴赫的曲子时，头脑中会不止一次地认为这首曲子就像建筑的一大杰作一样"。另外，在霍夫斯塔特的《歌德、埃舍尔、巴赫（二十周年纪念片）》（图一）一书中，作者曾经努力寻求巴赫乐曲中数学上的，也就是理论上的一种结构，进而将其转化成埃舍尔的绘画和歌德的定理 [注四]。总而言之，就是用数学这一媒介将音乐与建筑联系在一起。这使我们想起，在七世纪，音乐和数学都是自由七学科中的理科科目。

图一：霍夫斯塔特的《歌德、埃舍尔、巴赫（二十周年纪念片）》，野崎昭弘等人译，白扬社

关于巴赫的音乐，维利巴尔德·古尔利特曾经这样论述过 [注五]。在巴赫之后的音乐家都是用具体的、诗歌的性质，也就是用音乐之外的方法来作曲。而巴赫则不同，巴赫一直追求的是"在音乐中以一种建筑性的东西为目标，进而用纯粹的音乐上的表现力来创造音乐，这种音乐在节奏、和弦上进一步结合，最后创造出了一个有

规律的世界"。也就是说，巴赫的音乐不是"卷进心理状态的描写之中"，而是"在创造的秩序当中，客观地建造一种模样和姿态，使之形态化，进而保留自己的个性主张"。所有的音、旋律、节奏、和弦都在音乐整体的构成中，被有秩序地组合到了一起，也就是"尽最大的努力将充满丰富想象力的多样性向建筑上统一"。例如，在《手风琴赋格曲·长调》和《在您的面前已经迈出了第一步》这两本书中，固利特·威力巴德提到，任何音符都有严密的主题，而整体上又是与主题相悖的，通过扩大、缩小、重奏赋格曲的主旋律而使乐曲达到统一，他将这叫作"客观角度建造起来的形态样本"。音乐中的各种纯粹的要素与建筑重合到了一起。

　　还可以将巴赫的音乐比作实际存在的具体物体。例如，二十世纪三十年代就有这样的记载，当时巴赫的作品被称作音乐上的建筑物，有人将其与米开朗琪罗基于素材的极致的手工艺相比较。但是有趣的是，没有将同一时期的建筑进行对比，而是对比了哥特式大教堂。安舒兹说："巴赫的曲子样式正像成熟后的哥特式建筑。"[注六] 田中英道谈了自己的一些亲身经历：如果在巴洛克教堂中欣赏巴赫的音乐，总会觉得有点不太搭配，但是如果在哥特式大教堂 (图二) 中再一次欣赏巴赫的作品，一种喜悦之情就会油然而生 [注七]。田中也曾这样评价巴赫的音乐：巴赫的音乐无法表现巴洛克式建筑的蜿蜒展开的空间性，但是可以通过音乐展开一种安静的清净感觉，展现明快的色彩，这更像是哥特式建筑一样，

图二：科隆大教堂

给人一种在天上飞翔的感觉。例如，就像《马太受难曲》一样，曲子虽然给人以庄严肃穆的感觉，但是不能强求听者一定要将个人的苦恼转移到曲子当中。巴赫并不是通过所作的乐曲向人们诉说苦难，而是超越了日常的写实性，在这点上，巴赫的乐曲更像哥特式建筑所表现出来的精神世界。另外，田中还提出了这样的看法，那就是巴赫的曲子将每个人的祈祷都集中到了一起，而哥特式建筑也像巴赫的曲子一样，超越了个人的情感，将向神的祈求统一起来，进而营造出了一种整体一致的感情。

本茨也就巴赫的音乐和建筑的关系进行了论述，他指出，"哥特式建筑的建造技术和支柱技术等都是具有律动感的，而且时上时下，这些建筑中非现实的线所表现的语言也在巴赫的具有韵律感的建筑之中"，另外，"受难曲中表达的舞台和场面都是由普遍造型上的要素和建筑功能组成的"[注八]。也许是老生常谈了，但我还是要再提一下，哥特式建筑的比喻其实是作为一种赞美被人们使用的。相反，如果将建筑比作某种音乐，那么对这种音乐也是一种赞美。建筑和音乐两个领域就像在照镜子一样，四目相对，但是对此，由于时代的更迭，它们也产生了不同的分歧。就像人们总指出的那样，巴赫继承并延续了中世纪的复调音乐。根据本茨的论述，我们可以知道，在南方以天主教为背景产生了巴洛克建筑，而在北方则通过耶稣教结束了"建筑"，在古老的哥特式建筑中诞生了一种新的建筑风格，产生了一种新的信仰。与此同时，音乐上的建筑技术也诞生了。另一方面，由于意大利两位比较具有代表性的巴洛克建筑师——弗朗西斯科·博洛米尼和瓜里尼——受到了哥特式建筑的影响，他们可能更加接近于巴赫的角度。但是，巴赫的乐曲和哥特式建筑两者非常接近的时期已经是两百多年前了。十八世纪的音乐评论家赖夏特曾说，斯特拉斯堡的大教堂曾经给年轻的歌德很多感动，而巴赫一直思考着给予自己的感情 [注九]。以歌德为契机，巴赫的赋格曲和哥特式建筑的关系更近了一步。

建筑师弗兰克·劳埃德·赖特在他的自传里明确地表示自己非常喜欢巴赫的乐曲。另一方面，安布鲁斯这样说过："施莱格尔……将音乐看成流动的建筑，而将建筑看成凝固的音乐，这种比喻绝对不是文字游戏。从这样的见地出发，我们能比较巴赫深邃的音乐和德国样式的建筑作品。建筑和音乐这两种艺术形式相互保持着精神层面上的关系，在音乐中融入了和谐的因素，而与此相同，建筑也通过反复调节整体结构内比较大的部分之间的关系而形成了一种建筑独有的美感，从这点来说，建筑和音乐确实非常相像。"[注十]像这样，很多人借用了文学上的比喻来表达建筑和音乐之间的关系。

然而，本书将通过展开空间和时间的相关理论，来比较建筑与音乐之间的关系。

音乐领域中无限的时间

虽说巴赫和建筑有关，但是从同一时期的音乐中，只拿出巴赫音乐中的特点来与建筑联系起来，恐怕还是有点牵强。在这里，我们暂且不论巴赫音乐的个性这一问题，而是先考察一下以巴赫为中心的巴洛克时代的音乐与建筑领域中时间与空间的形成。

从古时候起，人们就一直在探索关于时间的种种理解和时间给人们的印象。例如，在希腊文化中，时间是循环的，而在希伯来文化中，时间是直线性的。随着计时器的发明和发展，人们的时间观念被置于计时器革新进化的方向上，并且两者互相影响，发生了很大变化。另一方面，人们的空间观念、世界观及宇宙观有着非常紧密的联系。在十六世纪到十七世纪这段时间里，人们的时间观念和空间观念不断地发生变化。因此，我们可以假定建筑和音乐这两个艺术领域也反映着当时的时间观念和空间观念。巴赫就是在这个时期诞生的音乐家，并且留下了不少的优秀作品。在这里，我们将考察包括巴赫在内的巴洛克音乐中的时间性，引一条辅助线以连接同一时代的建筑领域。

库尔特·萨克斯在《节奏与拍子》这本书中这样写道："文艺复兴时期的艺术很多都是有限的，与此相反，到了巴洛克时期，人们追求的艺术变成了无限的。"[注十一] 与自给自足的文艺复兴时期相比，巴洛克时期的艺术展现在人们眼前的也许是无限世界的一个碎片。另一方面，希格弗莱德·吉迪恩提出："在十七世纪末期，巴洛克的普遍性在数学这个领域中作为实际计算中的基础，创造出了一种无限的概念……就算是在绘画或建筑领域，这种无限的印象也被应用到了艺术当中，作为一种方法去营造艺术效果。"[注十二] 这样，我们就能想象无边无际的无限世界了。

那么，这种无限性又是怎样被各种艺术表现出来的呢？

关于这一问题，就像前一章所论述的那样，无限性的表达实际上是与艺术作品的内部和外部密切相关的。我们先从大局上回顾一下前面的考察，然后再展开这个问题。为了说明在巴赫音乐中曲子的开始部分发生了变化这一事实，库尔特·萨克斯举出了一个例子，那就是巴赫的弥撒小调《请给我们和平吧》（图三）。曲子的主题导入部分是由上拍开始的，到了下拍的时候表现得相对强烈，这也可以解释成为追求无限而做出的一种冲动行为。就像库尔特·萨克斯所说的那样，导入部分发生了改变，"曲子从休止符或空拍开始，这样听音乐的人就会觉得曲子欠缺开始的部分"。也就是说，曲子不是从小节的最开始而是从小节的中途开始的，这样一首从弱拍开始的曲子实际上给人的感觉就是：在曲子发出声音之前好像音乐就已经持续一段时间了。通过意识到旋律背后存在的拍子这一概念，听众会认为小节也是完整的。

巴洛克之前的音乐很少有那种从上拍开始的曲子，即从弱拍开始的曲子。一般都像帕列斯特里纳的《弥撒短曲》那样，曲子从小节的最开始奏出音乐（图四）。如果是这样的音乐，那么无论谁都可以清晰地把握乐曲的开始部分。如果追溯从弱拍开始的音乐，那么我们可以返回到中世纪的舞曲中，但是若说起宗教音乐，那就是十六世纪以后才出现的乐曲了。

文艺复兴时期的音乐中并没有拍子的概念，因此，当最初一个音发出

图三：巴赫的弥撒小调《请给我们和平吧》

图四：帕列斯特里纳的《弥撒短曲》

的时候，在这一瞬间，整个乐曲就开始了。到了十六世纪，虽然已经有了计量拍子的单位——塔克图斯，但是人们把塔克图斯和表示音阶的音分割开来，从而把塔克图斯作为一个独立的概念提了出来。另外，当时的乐曲中并没有拍子的优劣，塔克图斯这一单位也不像现代被应用到音乐里的单位那样非常系统化。还有，

在十六世纪初期的时候，音乐家没有总谱，这就使得音乐家无法简单地把握多声部乐曲这一整体。那时候的音乐家觉得只要读懂乐曲的各个部分就可以了（图五）。

然而，到了十七世纪后期，许多乐曲中出现了这种从弱拍开始演奏的现象。这是为什么呢？原来在这个时期，在小节后画线的这种记录乐谱的方法得到了普及，而且至今仍在使用的拍子记号也诞生了（图六）。这样的话，从弱拍开始演奏的条件就都具备了，实际上发的音和乐谱上的小节可以对应

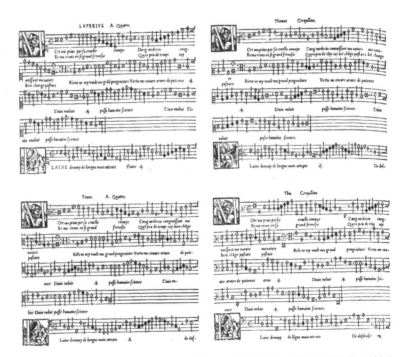

图五：十六世纪乐谱（托马斯·克里奎伦作曲，四民歌中没有小节线，四个声部分别有各自的乐谱）

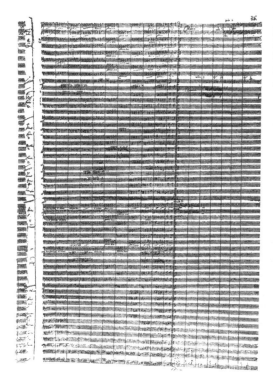

图六：为萨尔茨堡大教堂所作的《庆典弥撒曲》乐谱（一六二八年）（一张乐谱中包括了全部声部，而且小节线也是纵向的）

上了，也就可以不从小节的开头开始演奏了。指挥家小泉和裕提到，在演奏巴赫的乐曲的时候，从弱拍开始音乐的那一瞬间实际上是非常难以把握的 [注十三]。这种难以把握的状况会一直持续到乐曲结束。也就是说，和实际上听到的音不同，耳朵听不到的拍子在时间上的概念其实像栅极一样，是一直存在的。从弱拍开始演奏的乐曲最开始的空白部分实际上起到了补充作用，这样就使连绵不断的乐曲能够流畅地被演奏出来。因此，曲子并不是和实际的音一起开始的，在旋律开始之前，曲子的拍子就已经存在了，而且永远存在。

建筑中无限的空间

　　另一方面，在同一时代，我们可以看出建筑也发生了由完整到不完整的变化。就像前一章所提到的，十五世纪的建筑师非常推崇圆形的平面，他们认为与外界割裂开来拥有一个独立而又完整的世界就是建筑的理想状态。布拉曼特的坦比哀多庙 [第七章图二] 看上去就像无视所有和它接近的周围事物一样，拥有自己的独立空间。可以说，坦比哀多庙拥有自己内部的一个小宇宙。也就是说，十五世纪建筑的外墙大多都是直线型的，如果是弧形的，那也一定是向外凸出来的。而且，建筑物内部的各个空间都是完整而又独立的，建筑物整体是相对外部空间独立的。

　　但是，进入十六世纪以后，建筑物开始向巴洛克式过渡了。在此过渡时期，像梵蒂冈宫殿里的贝尔维蒂宫那样，庭院一侧的墙壁呈现凹陷的曲面，上部的顶棚还是半圆形屋顶的建筑物就陆续登场了 (图七)。建筑物正面的凹形就好像被眼前的空间填充了一样，变得完整了。像这种外墙是凹陷形状的建筑物看上去似乎是被剪出来的某个建筑物的一部分，甚至没有一个能够独立存在的形态，缺损的空间只能由建筑物外部的空间来补充。但空间不是一种物体，它和音乐中的休止符

图七：梵蒂冈的贝尔维蒂宫

一样，是看不见的。形态上的缺失是以虚无缥缈的存在为前提而表现出来的。实际上，在设计制图的时候，也是把建筑物的周围环境看成一个圆，而建筑物就建在圆心的位置上（图八）。就连建筑物的施工也应该是从外部来计算距离的。也就是说，建筑物通过与外部建立联系而确立其内部的空间。

到了十七世纪，很多建筑都被设计成了外墙为凹形曲面的形状。在巴

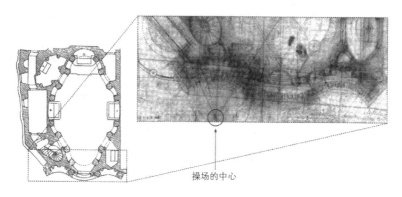

操场的中心

图八：圣卡罗教堂。在博洛米尼的原创图纸中，建筑物的外侧成了操场的中心，右图为：操场的中心

洛克建筑中，建筑物内部和外部是相互贯通的。与文艺复兴时期的独立建筑相比，巴洛克建筑在空间上意识到了外部空间的存在，建筑物渐渐向外部空间展开，在城市中掀起了提议建造广场和城市建造计划的热潮，这也绝非偶然。通过对比研究巴洛克和文艺复兴时期建筑的不同，海因里希·沃尔夫林将研究集中在了空间上，这也是自然而然的。

关于都灵的建筑师，希格弗莱德·吉迪恩曾这样说道："瓜里尼的建造意图就在于，他想通过建筑这一艺术方法来满足追求神秘和无限的巴洛克式的情感需求……在圣洛伦佐寺院中，我们可以看到向重力发起挑战（笔者

注：建筑物并没有用天使雕像等雕塑来支撑半圆形的屋顶）时，建筑师只用了纯粹的建筑上的方法……无限的空间给人的印象不是由透视法产生的视觉错觉，也不是沿用绘画方法而营造出来的空间感……通过星星形状而散发出来的光彩夺目的光线，给周围带来了幽深的效果。这也是非常罕见的、仅通过建筑手段而形成空间无限的感觉。"圣洛伦佐大教堂的圆形房顶也是凹陷的、不完整的。

圣斐理伯内利堂，也许乍一看，会发现从平面上突起的部分有点不顺眼，但是，如果用建筑物周围的圆形来补充，就不难理解为什么要设计成这样了（图九）。这是因为，残缺的建筑物实际上也是无限空间的一部分。

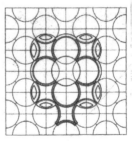

图九．瓜里尼，圣斐理伯内利堂。平面图（上）和示意图（下）

文艺复兴时期的建筑追求的就是完整性，针对这一问题，海因里希·沃尔夫林提出，这种追求是绝对不会在巴洛克时期出现的［注十四］。另外，通过分析法国的几何式园林，他在《无限的镜子》这本书中提出，在参考笛卡儿和帕斯卡的思想之后再来研究凡尔赛园林，就可以发现，既然将神称作太阳王，那么这就说明凡尔赛的设计者意识到了空间的无限性［注十五］。巴洛克建筑通过建筑物周围的广场或道路的补充而变得完整。例如，由包围着圣伊格那修广场的周围的建筑组成的图形，就好像被削掉了一个椭圆形一样［第七章图十］。这样来看，圣伊格那修广场不完整的墙壁就正好是椭圆形的轮廓。巴洛克建筑就是这样，只有意识到了眼睛看不到的空间，才能理解整个建筑物的完整性。

我们可以先来整理一下之前的研究。十五世纪的建筑和音乐可以说已经进行了自我完善。但是，到了十六七世纪，建筑领域又发生了改变，即建筑物的造型是通过以建筑物外部为中心的、看不见的几何学中的方法，将空间挖掉一部分。另一方面，音乐领域却没有大的变化，乐曲还是支离破碎的。也就是说，建筑和音乐这两种艺术表达的内部是通过眼睛看不到的空间（外部的广场）和听不见的时间（空白的拍子）来补充的，进而达到完整的状态。不完整的建筑和音乐都需要超越视觉和听觉，在获得客观的基准之后才可以变成一种艺术表达方式。但这种不完整，实际上又是更高层次上的完整。这种不完整只能在确立像无限延伸的时间和空间等概念后，才可以作为一种手法使用在建筑和音乐中。总之，就是建筑和音乐在从（自律的）"完整"向（表面上）不"完整"的方向发生转变。

另外，我们还可以顺便看一下巴洛克式音乐中的赋格曲和巴洛克式建筑空间的特性二者之间的比较研究［注十六］。渡部贞清指出，赋格曲和巴洛克式建筑有着共同点，那就是两者一边不断地改变固有的形态，一边又放弃了对艺术作品进行机械上的切割。文艺复兴时期的柱子具有切割空间的作用，每一根柱子都产生了自己在几何意义上的空间。但巴洛克式的圆柱没有把柱子和墙体分开，而是"通过使两者相互融合产生了一种空间"。我们还可以看一下弗朗西斯科·博洛米尼设计的圣卡罗大教堂，据说"大教堂优美的波浪形墙壁就好像是巴洛克音乐中的'数字低音'一样，成了整个建筑的一股暗流，建筑物里星星点点的柱子正好营造了一种旋律感"。国安洋也指出：音乐上的建筑顶点就是赋格曲，而赋格曲的顶点就是巴赫［注十七］。

音乐中的时间尺度

那么，又是在什么样的背景下产生了这种虚无缥缈的时间和空间概念呢？

首先，我们需要无限延伸的时间和空间的栅极。也就是说，通过基本单位构成了整个时间和空间的世界。那么，衡量时间和空间的尺度是怎样成立的呢？又是怎样与现实世界接轨的呢？笔者想就这一问题进行研究。

我们先来看一下音乐中的拍子这一概念形成的过程。《格列高利圣咏》这首曲子的乐谱是用纽姆符号记录的，但旋律和节奏是密不可分的。后来经过了圣母院乐派的节奏和调式以及新艺术时期之后，音乐的时间长度是通过数字比例的概念来计算的。关于拍子记号的说明，已经由相对解释逐渐转变成了现代的绝对性的解释，这种变化大概一直持续到了十七世纪。可是，虽然拍子构成了乐曲的内部时间，但是它不能表示时间的绝对长短。

所有的音乐作品都具有和日常生活中的时间相分离的时间谱系，有着自己的独立空间。但是，在西洋音乐中，不同曲目中出现的四分音符的长短不一定都是一样的，一般情况下是不同的。一般来说，乐曲中每个音符，是根据乐曲开头的节拍器来显示其速度和长短的，并用快板和慢板这样的音乐术语来表示。但是，有的时期并没有这样的快慢表示方法。如果乐曲的快慢不能用统一的方法来表示，那就无法确定每个曲子之间的相对速度差异了。

现在，音乐中的时间和日常生活中的时间通过某种媒介联系到了一起，那么，在这之前两者又是怎样联系起来的呢？在此，我们通过库尔特·萨克斯的研究来看一下两者建立联系的过程。

在十三世纪后期，在科隆的弗朗哥曾经提出：在单旋律的圣歌中，找不出计算其速度的尺度［注十八］。与此相对，多声部音乐使得所有不同的旋律拥有了同一种时间单位。虽然如此，但是还不能说这种时间单位已经和现实生活中的绝对时间联系到一起了。例如，在一五三二年，汉斯·格鲁莱曾经慢慢地念着一、二、三、四来数拍子。在那个没有现代计时器的年代里，虽说要规定音乐中的音阶，但是也不能完全依靠感觉来计算快慢。从各种各样的速度规定中，我们可以看出，当时的人还是比较关心音乐中的时间计算这一问题的。在十六世纪三十年代到十六世纪四十年代期间，我们发现在路易斯·米兰和纳尔瓦埃斯等音乐家作的曲子当中，也有像"快"或者"缓慢"这样的指示词。到了一六一一年，在阿德里亚诺·班基耶里的作品当中，快板和慢板的表示方法就闪亮登场了。

接下来就到了音乐与客观时间联系到一起的时候了。一六一九年，迈克尔·普拉托瑞乌斯将 tempus 作为一种"中庸的速度"，规定了 160 tempus 相当于十五分钟。另一方面，Quwantz 将人一分钟的脉搏看作 80 tempus，根据脉搏来规定速度的大小。在人们不断追求音乐领域中的时间的时候，十七世纪节拍器这一计时工具出现了。一七〇〇年，米歇尔·拉菲亚在拍子记号的上方记录了两位数字，这就表示了一拍的长短（单位：三度音＝六十分之一秒）。到了一七四六年，威廉姆·坦思路在他的《新音乐语法》中记录道：四分音符的长短相当于一秒钟。像这样，拥有独立时间概念的音乐，就和现实生活中的时间之间架起了一座桥梁。

音乐上的时间是由曲子开始的拍子记号来表示的。《马太受难曲》都是一些小乐曲的结合，其中的拍子也在不断地发生变化。虽然每个小曲子都有自己独立的时间体系，但是它们之间的关系通过拍子记号这一工具而确定了下来。在《巴赫论》中，贝塞拉曾经这样指出，在乐曲中总有统一曲子的"均一的基调"。这也是十八世纪初期咏叹调的一个特点："虽然这是时代所共有的财产，但是从根本上这也是更适用于巴赫音乐的，事实上，没有人能够像巴赫一样能在均一的基调中取得如此伟大的音乐效果。"［注十九］据说，巴赫在自己作曲的时候，并没有指定节拍器上的速度表示。但是在这种小曲子中，拍子被统一了起来，不管旋律如何，独立于曲子之中的时间再一次被认同其存在。由于组曲的各个部分都有"均一的基调"，所以曲子各部分是完整的。单旋律圣歌是通过音自身的变动而产生的，与此不同，巴赫的音乐中存在着时间的两层结构。也就是说，音乐和拍子分离开来，形成了"均一的基调"，然后弱起的曲子就应运而生了。

社会学者马克斯·韦伯虽然着眼于平均律的变化和音乐的合理化，但是这种现象其实不只出现在音的变化上，还出现在时间这一概念层面上［注二十］。

建筑中的空间尺度

另一方面，如何在建筑中考虑空间这一概念呢？

在文艺复兴时期的建筑中，中心论点之一就是建筑比例这一问题。据阿尔伯蒂说，完美的建筑上的比例就是"不能增加或者减少建筑物的任何一部分"，各个部分的大小早就定好了，是不可以改变的［注二十一］。由此便产生了很难再改动的完美建筑。当时，以阿尔伯蒂为首的许多建筑师都在其著作中论述了关于怎样规定建筑物各个部分的比例这一问题。在此，大家可以一起就这个问题看一下。

　　同是文艺复兴时期的维尼奥拉记述了许多关于柱式的内容，如果仔细阅读，可以发现，在设计建筑物的时候，首先规定了建筑物的高度，然后将其分割，得到模数这一基准单位，再由模数来规定建筑物中的柱子直径和柱子之间的距离等其他部分［第五章图一］。空间体系不仅规定了立面上的空间，还规定了平面上的空间。但是，如果只用细致的数字比例规定各个部分，那么研究的重点就会全部集中在比例关系上。这些著作都认为，建筑的意义在于只在建筑内部追求统一就可以了。各个建筑物与其外界的关系不在于数字，联系两者的桥梁是比例关系。

　　那么，这些理论怎么将建筑物的大小与实际的大小联系起来呢？事实上，在建筑类书籍中，几乎没有对建筑物具体大小这一问题展开讨论的。帕拉第奥在《建筑四书》（图十）中的第一书第十三章中写道："我在分割和测定上述柱式的时候，并没有用那些特定的绝对尺度，也就是那些在城市建筑物中特有的尺度，例如腕、掌等单位。因为我知道，就像城市和地方各有各的特点一样，这些单位在不同的地

图十: 帕拉第奥的《建筑四书》（一五七○年）

方其实是不一样的。"［注二十二］在当时的社会中，本身没有统一的尺度其实也是原因之一。即使是这样，在文艺复兴时期的建筑书中，大家还是以建筑物各部分大小之间的关系为基础进行论述的。与时间上的尺度相比，统一空间上的尺度更加困难。以"脚"为基础衍生出来了"足"这一单位，后者是现在才被人们熟知的单位。另外还有表示"手腕"的"腕"，表示"手掌"的"掌"等。这些都是从古代延续而来的单位，其根据就是人类本身。因此，虽然想正确地规定绝对意义上的空间大小，但是苦于没有规定的根据。众所周知，不同的人，脚的大小不一样，而且年龄、性别、民族、地域、时代等许多因素都影响着"脚"的大小，所以"脚"的单位也就很不一样了。

　　但是，时间的尺度就是一天二十四小时，无论在地球的哪个位置，这一标准都是不变的。因为时间的规定是以地球为基准单位的。在空间上出现共通的尺度是在一七九〇年。法国的政治家在会议上提出，应该用自然物为基准来规定尺度的大小，于是最后规定一米的长度就是"在经过巴黎的子午线上，取从赤道到北极之间长度的一千万分之一"。时间的尺度早就通过分割地球上的时间确定好了，但是空间上的尺度到了法国大革命后的十八世纪，终于以地球为根据确立了下来。于是，空间的尺度也成了绝对意义上的概念。

　　当时，法国的建筑师迪朗（一七六〇至一八三四年）在他的著述《在美丽、伟大、奇异中的古代和近代，所有种类的建筑物的图集与比较》（一八〇〇年，以下简称《比较》）中，马上就引入了米的用法。关于林耐的分类（图十一），米歇尔福柯将所有建筑对象都变成了可以看见的一个个标本，像这样，迪朗的书中去掉了所有插图，力求把世界上的建筑做成一个透明的目录。他特别指出："像将建筑物和纪念建筑物都一一分门别类一样……"这种整理是非常重要的。

这本书将教堂、竞技场等各种建筑中的比例尺统一在一个尺度下，就像下面使用米的记录方法一样，将所有建筑物都放在一个平台上（图十二）。这就好像是为了在统一的基准上"比较"所有建筑物而作的书一样。以米来计算的体系并不是以人体为基础的。该书以理性的名义为基础主张普遍性，与此相同，书中提出了"世界等于地球"这一想法。《比较》这本书在十九世纪风靡建筑界，也成了新的建筑规范。

 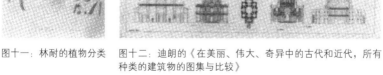

图十一：林耐的植物分类　　图十二：迪朗的《在美丽、伟大、奇异中的古代和近代，所有种类的建筑物的图集与比较》

理念上的性质相同和现实意义上的背离

我们假设小节的分割就等于音阶，而柱式的数字比例就相当于每个建筑物中各个部分的绝对值，来整理比较一下音乐中的时间组织和建筑中的空间组织的变迁情况。

从十六世纪到十七世纪，在音乐上发生了决定性的改变，那就是在拍子记号中出现了从相对性解释到绝对性解释的变化。在前者中，音乐中的各个音阶都是通过个别的比例联系到一起的，其中的桥梁就是塔克图斯这一单位。但是，在后者中，在现代的拍子和节奏中，音阶中的所有等级和阶段大多数是以 1∶2 的比例固定下来的，每当这时，表示三分之一音阶的三连音就成了一种临时标记。规定小节的长短，如音符和休止符等各个部分，通常是根据与乐曲总体的关系来决定长短的。小节不仅易于归纳多种旋律，而且和曲子开始的拍子记号一样统领着整个乐曲，形成乐曲在时间上的一个系统。

另一方面，在文艺复兴时期以后的古典主义建筑中，只要能设定一根柱子的大小，那就能自动得到周围其他部分的长短了，因为建筑物从整体上是用比例关系把各个部分连接到一起的。并且，在建筑中，决定比例的方法也因为时代的不同而有所变化。在这里，建筑就和音乐一样，由比例联系各部分，并向别的方向进行了转化，首先从整体中导出一个基准单位，然后通过与这种基准单位乘除做计算，再由比例关系来统一建筑物整体。柱子就是建筑空间中的秩序，普通的柱子起着形成各种秩序的作用。而米开朗琪罗所发明的巨柱不仅多用于巴洛克建筑中，而且巨柱所起到的作用也不只形成秩序，也许还起着贯穿建筑物中的统一尺度的作用。

虽然建筑师总是想象着无限的空间，但是那种均等的空间是不存在的。在巴洛克时期，人们重视的还是建筑比例。当时还没有普及小数这一概念。例如，伽利略在处理数据大小的时候，并没有用到小数，只用到了比例关系，所以要想象无边无际的透明空间其实是非常困难的。因此，大家开始尝试用实际上存在的标准来计算。当时的建筑书籍上所标注的所有间隔大小都是通过实际存在的物体的大小（例如圆柱的半径）来表示的，每一个部分都是这个标准的倍数，所以，像栅极一样的空间里存在着很明显的实体痕迹（图十三）。但是，从迪朗的制图中，我们可以看出，作者非常注重由均等的栅极构成的建筑结构，还考虑了包括虚无空间在内的许多距离，比如圆柱中心之间的距离（图十四）。

　　如果均等的时间和空间得以成立，那么就可以透明地记述所有的部分

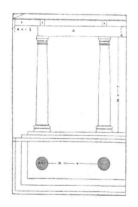

图十三：取材于帕拉第奥的《建筑四书》（一五七〇年）。将柱子的直径看作1，其他各个部分的大小都以直径为基准来表示

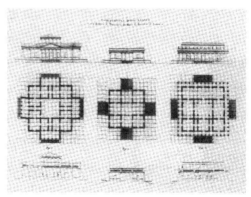

图十四：迪朗的《建筑讲义记录》（一八〇二年五月）。表示长度的线贯穿于柱子和墙壁的中心

了。在音乐领域中，就像现代音乐中所有长度的音符和休止符都客观存在一样，时间上的构成是独立于旋律而存在的；在建筑领域中，如果使用电脑，无论是多大尺寸的物体都可以设计，即使是像296厘米、841厘米这样的长度。但是，如果均等的时间和空间没有成立，那么音乐中也就不会出现一半的休止符。休止符的大小只能用音符的倍数来表示。但是，当时也有超脱于这种标记方法的音符，装饰音就是其中的一例。巴赫的次子曾经这样说过：装饰音"将音符自然地连接到一起"，并"给音乐以活力……使旋律变得更美"。人们认为时间的流逝是阶段性的，这样，装饰音就将各个阶段连接起来了。比起拍子，装饰音更加忠实于旋律中流畅的线条，比如装饰音使一个音的结束紧紧连着下一个音的开始，就连颤音的振幅大小也被装饰音改变了。这种超脱时间而产生的分数是不能用记录乐谱的方式来记录的。

同时代的建筑领域中也没有规定所有细部的大小，没有规定装饰性雕刻等部分的大小。而且，建筑师也不是用柱子来规定所有建筑物部分的尺寸的。例如，在维尼奥拉的《建筑的五种柱式规范》一书中，作者并没有完全规定复合柱式的柱头部位精细的装饰性雕刻的大小，而是完全依赖于手工艺人的适当处理。设计师在图纸上画了通过理想比例设计出来的建筑物，但是，如果建筑物用石头或木头来建造，那么建筑物的实际大小和不同性质的建筑材料之间又会产生新的问题。有很多建筑物为了能够支撑实现不了的均等空间而进行了别的操作，例如，圆柱中的微凸线就弥补了建筑物视觉上的缺陷。对于柱间空隙不一的长方形廊柱大厅，帕拉第奥通过加入能够弥补误差的三连拱门而演绎了古典主义建筑的统一性（图十五）。

巴赫在乐曲中用了许多装饰音，从节奏上来看，这些装饰音在乐谱上的记录是一样的，但实际上并不一样［注二十三］（图十六）。并不是所有的时间都被严密地规定好了，装饰音正好表达了这种混淆不清，其记录方法已经超越了乐曲中一贯的均等的时间体系。颤音表达着绝对意义上的时间界限。如果这种音的分割体系用在了极短的时间（快节拍）上，那么无论对于演奏者还是听者，它都是很难被接受的，并且音乐的均等性也会被破坏。反过来说，装饰音所形成的世界，正是把乐谱中的世界和现实演奏的世界联系到了一起。不管怎么样，巴赫乐曲中的节奏正处于装饰音独立于时间组织这一过渡期中。当时，乐曲中时间的组织依然是由旋律连接到一起的。巴赫正是在这两种相位之间诞生的音乐家。也就是说，诞生于比例上的时间组织和现代时间组织成立的间隙中。

图十五：帕拉第奥设计的长方形廊柱建筑

图十六：巴赫乐曲中的装饰音表

注释:

[注一] 角倉一朗他編『バッハ頌 (新装復刊)』白水社、一九九六年、A·Mバッハ『バッハの思い出』山下肇訳、講談社、一九九七年。

[注二] B·シュレゼール『バッハの美学』角倉一朗＋船山隆＋寺田由美子訳、白水社、一九七七年。

[注三] H·アーベルト「バッハとわれわれ」『現代のバッハ像』角倉一朗編、白水社、一九七六年。

[注四] ダグラス·ホフスタッター『ゲーデル、エッシャー、バッハ (20周年記念版)』野崎昭弘＋はやしはじめ＋柳瀬尚紀訳、白揚社、二〇〇五年。

[注五] W·グルリット「彼の時代と現代におけるバッハ」『現代のバッハ像』角倉一朗編、白水社、一九七六年。

[注六] G. Anschutz, *Abriss der Musikasthetik*, Leipzig, 1930.

[注七] 田中英道「バッハと〈ゴシック〉建築」『ユリイカ (特集バッハ)』一九七八年一月号。

[注八] R·ベンツ「バッハの受難曲」『バッハの世界』角倉一朗編、白水社、一九七六年。

[注九] W·フェッター『楽長バッハ』(田口義弘訳、白水社、一九七九年)による。

[注十] A·W·アンブロース『音楽と詩の限界』辻荘一訳、音楽之友社、一九五二年。

[注十一] クルト·ザックス『リズムとテンポ』岸辺成雄訳、音楽之友社、一九七九年。

[注十二] S·ギーデイオン『空間·時間·建築 (1·2)』太田實訳、丸善、一九五五年。

［注十三］小泉和裕「アウフタクトの一瞬」、樋口隆一『バッハ』新潮社、一九八五年。

［注十四］H. Wölfflin, *Renaissance and Baroque*, Fontana, 1971.

［注十五］A. S. Weiss, *Mirrors of Infinity*, Princeton Architectural Press, 1995.

［注十六］渡部貞清「バロック建築と対位法との類比的考察」『日本建築学会論文報告集』一九六五年九月。

［注十七］国安洋『〈藝術〉の終焉』春秋社、一九九一年。

［注十八］フランコ「計量音楽論」皆川達雄訳、『音楽学』第三六巻二号。

［注十九］H・ベッセラー「バッハにおける性格主題と体験形式」『バッハの世界』角倉一朗編、白水社、一九七八年。

［注二十］マックス・ウェーバー『音楽社会学』安藤英治ほか訳、創文社、一九六七年。

［注二十一］アルベルチイ『建築論』中央公論美術出版、一九八二年。

［注二十二］パラーデイオ『パラーデイオ「建築四書」注解』桐敷真次郎編著訳、中央公論美術出版、一九八六年。

［注二十三］W・エマリ『バッハの装飾音』東川清一訳、音楽之友社、一九六五年。

第三部

第九章 圣马可大教堂和威尼斯乐派

空间形式产生的音乐

从十六世纪到十七世纪，在意大利的北方非常盛行一种叫作分队合唱的演奏方法。分队合唱一词来自"cori spezzati"，也被称作复合唱或者二重唱。也就是将演奏者分成两队进行交叉演奏的形式。这种演奏形式本身可以追溯到早期的基督教，但是从十六世纪到十七世纪，人们在威尼斯的圣马可大教堂中独自完成了其音乐发展。因此，这种音乐被叫作威尼斯样式或者威尼斯乐派。

音乐与建筑之间的联系不仅仅停留在"偶然在建筑物中创作出了新的曲子"这一层面。曾经有很多人指出，威尼斯乐派是受到了圣马可大教堂空间的影响才发展起来的（图一）。虽然建筑的平面看上去还是希腊十字的形状，但是在这之前，人们并没有将祭坛附近的北侧和南侧的二楼分别设置成圣歌队的座位和风琴的位置，而威尼斯乐派不仅这样设计，还将圣歌队的座位摆在了与风琴相对的位置（图二）。位置对称的演奏者们就好像在回应对面的演奏者一样，重复着对面的曲调，然后以轮流演奏的形式演奏乐曲。我

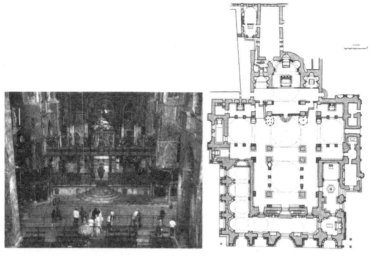

图一：圣马可大教堂的室内图和平面图

图二：圣马可大教堂祭坛附近。南、北面的上部设有风琴阁楼（照片上为南侧）

们不能否定空间上的形式有可能产生音乐的演奏形式。如果这被证明是事实，那么建筑师就直接影响着音乐上的具体演奏。但是，像这些指出建筑和音乐两者关系的叙述大多数是欠缺具体论述的。在这里，笔者想再核实现存的记录和相关建筑实体，进而考察分队合唱和圣马可大教堂之间的关系。

很多关于威尼斯乐派的记述都提到，分队合唱这种形式是从圣马可大教堂这一固有建筑形态而来的。但是，很少有人提到这种合唱方式是威拉特·艾德里安（一四九〇至一五六二年）的发明。他是一位作曲家，从一五二七年开始担任圣马可教堂的乐队指挥。

例如，胡戈·莱希腾特里特曾说过："威拉特创造了分队合唱这种新的音乐形式……大教堂中的结构非常独特，圣歌队的位置离手风琴的位置非常远，或许他正是从这种结构中得到的灵感。"〔注二〕。像这样，在关于分队合唱来自圣马可大教堂的这种推断中，两个圣歌队的座位和两个手风琴的位置相对的建筑设计就成了这一说法的论

图三：扎立农的《和谐概论》（一五五八年）

据。另一方面，对于后一种说法，当时著名的音乐理论家扎立农（一五一七至一五九〇年）在其著作《和谐概论》（图三）中提出，这种新的演奏方法正是威拉特在音乐上所作的一大贡献〔注三〕。另外，从一五六五年起，身为音乐家的扎立农担任起了圣马可大教堂的乐队指挥。

如何演奏

音乐家曾经为圣马可大教堂作出了许多分队合唱的曲目，其中最老的一首就是由威拉特创作的《分组圣歌》（一五五〇年）〔注四〕。但是，分队合唱这种演奏方式并不是在此书出版之后才出现的。威拉特于一五二七年

担任圣马可大教堂的乐队指挥，其实在这之前，他就已经采用过分队合唱的演奏形式，而且像这种将合唱团分成两队分别进行歌唱的形式，早在威拉特之前就有人在圣马可大教堂尝试过了［注五］。例如，在威拉特就任的两年前就有一个游客访问过威尼斯，并且描述了在圣马可大教堂亲眼目睹的分队合唱的场景。那个时候，合唱队都还在祭坛附近分成左、右两队，还没有在风琴阁楼上进行演唱。

图四：桑索维诺设计的圣歌队座位（南侧）

图五：桑索维诺设计的圣歌队座位（北侧）

接下来，十六世纪三十年代到十六世纪四十年代，雅各布·桑索维诺设计出了祭坛附近有两处圣歌队的建筑物（图四、五）。费隆指出，这种设计是为了演奏威拉特在此时期创作出的更加复杂的曲子而想出来的。但是，从残留的各种记录上来看，演奏最多的地方就是祭坛前面的左右布道台（图六）。早在十三世纪就有人记录过布道台，这

图六：祭坛前面左侧（南侧）的布道台

图七：卡纳列托所描绘的圣马可教堂内部图。在图六的布道台上还设有歌手的位置

之后一直被使用着，到了十八世纪，卡纳列托对它进行了描绘（图七）。

像这样，演奏曲目的场所其实是不固定的，而且有很多变化。也许，这种变化与演唱者的增加及乐器演奏者的增加不无关系。下面，我们来看一下乐队中人数的变化。

十五世纪，威尼斯不仅是一个经济非常繁荣的大都市，而且在意大利半岛上它还在音乐上占据着举足轻重的地位。作为音乐中心的圣马可大教堂，其乐队在一四九○年的时候就已经有十七位歌手了［注六］。这个数目在当时已经算是很多的了。此后，到了十六世纪中期，人数变为二十一人，到了十七世纪，人数达到二十四人。据温加罗说，这种记录中只有数字，很难据此把握实际的演奏人数和演奏规模。因为记录的大多是正式歌手的名字，而在特别祭祀时，有时候乐队会雇一些临时歌手或乐器的演奏者。另外，记录中几乎没有关于担任高声部的少年歌手的相关记载，但实际上是非常有必要把这些人也计入其中的。所以说，记录上的数字并不是完全正确的，实际上的演奏者可能超过所记录的。

另外，从十六世纪到十七世纪，人们也逐渐重视乐器的存在。特别是铜管乐器，它们那丰富多彩的声音已经成了威尼斯乐派的一大特征。在十六世纪八十年代初期，乐队中演奏乐器的人只有四五个，但是到了一五八六年就变成了十二个，当时的人已经达到了非同寻常的规模。另外，在此时期之后，乐队中乐器演奏者的数量也一直保持在非常多的水平。

从分队合唱到威尼斯乐派

在此之前，我们已经对分队合唱和威尼斯乐派的相关知识进行了回顾。那么，圣马可大教堂和正在兴起的音乐形式到底在什么地方有联系呢？如果有联系，又是怎样的联系呢？

分队合唱这种音乐形式本身来自诗篇的交唱这一传统演奏形式，很明显，分队合唱并不是在圣马可大教堂发明出来的音乐形式。另外，当时的建筑物在平面上大多数是对称的，所以无论在哪个教堂都非常容易想到将演奏者分为两组放置于祭坛的两侧这种演奏方法。因此，很难将十六世纪到十七世纪间的分队合唱完全归结于圣马可大教堂这座建筑。但即使是这样，我们还是不能说圣马可大教堂只是进行了分队合唱演奏的一座建筑物而已。

在此之前，分队合唱这种演奏形式其实已经出现在意大利北部的帕多瓦市和特雷维索这样的城市中了。但是，当这种演奏形式被导入维也纳音乐中的时候，这个地方就已经具备了发展演奏方法的温床——圣马可大教堂。教堂中不仅有两个风琴阁楼，而且新建设的左、右两侧圣歌队的座位也为其发展提供了非常好的机会，这一点也是非常重要的。

另外，就像前面提到的那样，从音乐界来看，当时的威尼斯是一座举足轻重的城市，圣马可乐队的指挥在意大利也拥有最高的声望和地位。更加不得不提的是，在威尼斯乐派的黄金时期，出现了安德烈·加布里埃利（一五一〇年至一五八六年）、乔万尼尼·加布瑞利（一五五三至一五五六年至一六一二年）和克劳迪奥·蒙特威尔第（一五六七至一六四三年）等西洋音乐史上伟大的音乐家。威拉特将合唱曲子复杂化，在合唱中引入了丰富的乐器，这样，音乐的规模就变得越来越大了。本来分队合唱就是一个将乐团分为两部分来演唱歌曲的非常朴素的形式，但是这个时期的曲子演唱规模变得太大了，甚至达到了八个声部之多。

乐队的规模变得越来越大，那么自然而然祭坛附近的圣歌队座位就满足不了所有乐队成员的需要。这种状况也是造成演奏者被分开来，坐在不同位置上演奏的原因之一。总之，在十七世纪初期之前，除了布道台和圣歌队坐席之外，风琴阁楼也被作为演奏地点投入使用。

而且，这些大规模的乐曲都是在一些特别的机会下创作出来的，一般只在节日和祭祀的时候才会演奏。由于演奏者的位置总是在变化，有时候连西侧的长廊都用来演奏了。改变演奏地点的理由有很多，但大多是因为改变了演奏地点就能得到不同的音响效果。也就是说，在这里可以看见圣马可大教堂这座固有建筑和音乐之间有着直接的联系。演奏者被安排到了建筑物内部的各个地方，圣马可大教堂这个巨大的空间里响彻着合唱的声音。

演奏位置的变化不仅与音响效果有关，还与仪式的风格有着密不可分的联系。例如，如果在有祭坛的桑索维诺圣歌队席上演奏的话，由于被祭坛西侧的有缝隙的栅栏阻隔，所以音乐不会从内场回响到外场［注八］。这种音乐被拘在祭坛之内，在威拉特时期，仪式首先是为了祭坛中的总督和神职者而举行的，不管怎么说都有一种面向内部的特点。但是，如果需要公开的仪式，不仅是祭坛附近，音乐还必须传到走廊等其他空间中。也就是说，从演奏者位置的变化可以看出当时威尼斯社会状况的改变，而且这些变化是非常必要的。威尼斯以祭祀都市而闻名，在其中心——圣马可大教堂的广场，不断有人为了总督或者市民而上演歌剧或音乐会。就算是在圣马可大教堂内部，分队合唱的发展也是宗教仪式面向市民公开这一变化中重要的方面。

　　就这样，威尼斯乐派的成立不仅与圣马可大教堂这一固有建筑物有关，它还与整个都市的发展进程息息相关。十六世纪意大利北部的分队合唱，在这座水城的圣马可大教堂实现了从祭祀风格到特有风格的发展，最终成为威尼斯乐派。

注释:

［注一］本章内容参照了 *Arcbitettura e Musica nella Venezia del Rinascimento*（Deborah Howard and Laura Moretti (ed.), Bruno Mondadori, 2006, p. 406）。本书作为二〇〇五年召开的以本书名为题的国际会议中所进行的研究论文而出版，无论是从建筑历史，还是从音乐史、音响学等不同的方面来看，在文艺复兴时期维也纳建筑和音乐方面都取得了可喜的研究成果。

［注二］フーゴー·ライヒテントリット『音楽の歴史と思想』服部幸三訳、音楽之友社、一九五九年。另外，对这种记述，D. N. Ferguson、H. Schnoor、W. Langhans 等也表示认同。

［注三］Gioseffo Zarlino, *Le Istitutioni Harmoniche*, Venezia, 1558, repr. Broude Brothers N.Y., 1965.

［注四］*Salmi spezzadi*, Venezia, 1550.

［注五］关于圣马可大教堂的分队合唱这一实践性的行为，最新的研究成果如下：莱恩·费伦，Iain Fenlon, "The Performance of cori spezzati in San Marco", in Deborah Howard, op. cit., pp 79-98.

［注六］关于演奏者的人数，请参照以下书目：Giulio M. Ongaro, "La composizione del coroe dei gruppi strumentali a San Marco dalla fine del Quattrocento al primo Seicento", in Deborah Howard, op. cit., pp. 99-116.

［注七］ドナルド·ジエイ·グラウト＋クロード·V·パリスカ『新西洋音楽史（中）』戸口幸策＋津上英輔＋寺西基之訳、音楽之友社、一九九八年。

［注八］关于圣马可大教堂的音响环境，请参照以下书目：多萝西，Dorothea Baumann, "Geometrical Analysis of Acoustical Conditions in San Marco and San Giorgio Maggiore", in Deborah Howard, op. cit., pp. 117-143.

第十章　莫扎特和建筑

不是古典主义，而是洛可可式？

本书对中世纪的哥特式建筑和圣母院乐派，或巴洛克时期的建筑和音乐等，进行了许多同期对比。在研究过程中，没有采用对个别作品进行比较的方法，而是通过空间和时间的形式进行研究。从中世纪到巴洛克时期，正是节奏和乐谱的体系逐渐形成的时期，这样就可以将考察点放在生动的时间结构变化上，进而联系空间再进行考察。也就是说，到了所谓的古典时期，大致的基本形式都已经形成了，这样，每个作曲家和建筑家的个性就显得尤为重要了。另外，从同时期的建筑样式来看，里面还是有一些古典元素的，我们可以假设一下回归希腊的新古典主义，但是那种严格的设计和莫扎特的曲风是怎么也合不上的。因为新古典主义风格的建筑物有时候会产生一种压迫感，让人感到畏惧。

但是，如果读一下莱希腾特里特的话，我们也许能够明白一些［注一］。在法国大革命达到高潮的时候，莫扎特的死给了莱希腾特里特很大的感触："（相对于海顿的浑厚风格来说）莫扎特的曲子给人的感觉更纤细，更敏感，

图一：洛可可式建筑亚梅丽宫

他从女性的角度去感受事物，并以此作为出发点，这也是在洛可可时期完全绽放的艺术。"原来，在从巴洛克时期向新古典主义时期转变的十八世纪中期，有一种艺术只开花未结果，虽然没有得到很多人的关注，但是追求愉快生活和优雅氛围的洛可可设计确实是非常有意思的（图一）。巴洛克建筑由于是为握有绝对权力的君主或者教会的人而建造的，所以一般以硬性的规则和秩序为基调。而与此相对，好像就是故意要相逆而行的洛可可建筑挣脱了这些沉重的束缚，在设计上不仅多运用曲线，而且自由地展开装饰游戏。另外，洛可可建筑并没有拘泥于不变的计划或者形式，而是将个人的快乐放在了第一位，使设计变得更加人性化。

莫扎特在参观欧洲各地的宫殿和邸宅的时候，也许就是在凡尔赛宫殿或纽芬堡宫殿中看到了最新的洛可可式室内装修。他也感受到了当时的艺术氛围。"洛可可"一词其实来自 Rocaille 这一贝类装饰品的名字，多用于室内装修的设计中。我们会发现这样的问题，那就是这种方式能不能作为一种建筑形式独立存在；不管怎样，我们是否可以在音乐领域中比较一下从巴洛克到古典之间的变化；这样问题就转化成我们所熟知的了。冈田晓生这样指出："在现代意义上，'能够唱歌的音乐'就是以表达个人情感和意志为主要功能的音乐，这样看来，这种音乐早就出现在音乐的历史长河之中了。我们完全可以将古典派音乐看作一种超越王和神意义上的音乐，它摆脱了王和神的束缚，是一种'自由的精神'。"［注二］古典派的音乐不仅停止使用巴洛克音乐中沉重的低音演奏，而且在音乐中也没有应用对位法，而是更加注重跃动的旋律与和弦的伴奏。而洛可可式风格也摆脱了豪华和厚重的形式上的束缚，运用了许多自由的曲线，最终形成了一种既优美又轻快的室内装修风格。在这一点上，两者是非常相似的。

共济会的建筑和音乐

如果再将莫扎特的音乐与建筑联系到一起，那么共济会的建筑就成了非常重要的辅助线。这是因为十八世纪的欧洲盛行举行秘密仪式这一思想，这对很多艺术都产生了很大的影响。一七八四年，莫扎特"为了慈善"而加入了共济会的分会，因此诞生了许多曲目。例如，为了追悼结社人员的死，他作了《共济会送葬音乐》（一七八五年）；为了歌颂在求知的道路上一直前行而到达光明的源泉，他创作了《结社队员之旅》（一七八五年）；创作了在共济会的分会演奏的德国歌曲《亲爱的朋友啊，把握今天》（一七八五年左右），之后是歌剧《魔笛》（一七九一年）［注三］。在《共济会送葬音乐》和《魔笛》这两首曲子中，我们可以看到，无论是在音调上降三个音还是升三个音，也无论是用三种乐器还是三重和弦等，它们都用到了很多共济会所重视的"三"这个标志性数字。

共济会在建筑方面的影响在新古典主义时期有所扩大，在此，我们可以来研究一下与莫扎特同时代的法国建筑师简·雅克·乐库（1757—？）所作的图《哥特式住宅的地下室》［注四］（图二）。这张图上描绘的是举行入

图二：乐库的《哥特式住宅的地下室》

会仪式的一个空间，据设计者本人说，共济会的志愿者走下旋转楼梯来到地下，穿过有凯尔波拉斯的"勇敢之门"，首先接受火的考验，然后进入相应的房间，房间里有烈火翻滚的炉灶，并且还悬吊着各种铁制的拷问刑具；接下来，志愿者要进入满是水的房间接受水的考验；然后来到狂风吹的房间里接受空气的考验。最后，志愿者将来到一个放着记忆和忘却的杯子的房间，面对贤人的画像忘却人间的种种过错，最终得到真知。

图上有着这样的附言："走上这条路并且一路向前的人，经过火、水和空气的洗礼，如果还能够克服死亡的恐惧，那么他就可以从地下的世界走出来，然后再次见到光芒。最后，这个人可以变成贤者，并且得到那些比他更有勇气的人的承认，最终作为其中的一员，获得入会的权利。"

在莫扎特的歌剧《魔笛》的第二幕第二十八场中，两个穿着侍卫服装的人向王子说了一番话，其中，大部分的内容都与上面的话一样，也许他引用的就是这段话。

"在这充满艰难困苦的道路上漂泊而来的人们，经过了火、水、空气及大地的净化；在克服死亡恐惧的那一刻，他们就可以超脱大地，向天空飞去了。这时候，他们好像得到了启示一样，可以为伊西斯再生女神的秘密仪式奉献自己了。"（海老泽敏译）

虽说《魔笛》这部歌剧是以恋爱的成就为最终目的的，但如果情节上是共通的，那就可以将乐库的设计原封不动地用到舞台装置中去。乐库的图集《市民建筑》中还收录了融合埃及和希腊样式的《睿智的神殿》这一设计图（图三）。而在《魔笛》的第一幕第十五场中，也出现了"睿智的神殿"的场景。乐库的作品好像都是在法国大革命之后创作的，但具体时间不得而知。他是不是从话剧《魔笛》中得到的

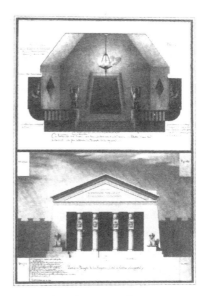

图三：乐库的《睿智的神殿》

灵感也不明确。但是，无论是乐库还是写出《魔笛》剧本的席卡内德·武尔姆，都可以看出他们参照了翻译到各国的让·特拉松的密教小说《赛托斯的一生，根据古埃及的私家备忘录》（一七三一年）［注五］，因为记载歌剧原型的就是这本书。

卡尔·弗雷德里克的舞台装置

接下来要论述的就是和乐库的设计处在同一时期的作品。将两者联系到一起的就是一八一五年，卡尔·弗雷德里克（一七八一至一八四一年）接受了柏林王立剧场经理布鲁赫伯爵的委托，开始进行歌剧《魔笛》的舞台设

计，这件事还成了当时的焦点。他是德国最重要的古典主义建筑师。卡尔·弗雷德里克认为，在所有的艺术形式当中，音乐占据着中心要素的地位［注六］。他还参与了许多与音乐相关联的建筑物的设计，比如说柏林王立剧场（一八二一年）（图四）、声乐学院（一八二二年）、汉堡剧场（一八二七年）等。但是，在十九世纪初期，由于拿破仑的进攻，卡尔·弗雷德里克在普鲁士没有工作，于是就开始灵活地运用了制图的技巧，靠全景画和舞台设计维持生计。虽然乐库受到了共济会的影响，但是卡尔·弗雷德里克完全没有受到沾染。也许就像歌剧《温蒂》和《奥林匹亚》一样，他只不过将此作为普通工作中的一件而接受了。

图四：柏林王立剧场

在一八一九至一八二四年期间出版的卡尔·弗雷德里克的画集中，一共收录了八张《魔笛》的插图［注七］。我们按顺序来介绍一下。首先是有着巨大岩石拱门和怪兽柱子的"埃及神殿"，然后是镶嵌着星星图案的半圆形屋顶中有月牙形座椅的"夜女王的宫殿"，中央摆放着俄塞里斯的"萨拉斯特罗宫殿"，唯一不是建筑的"伊西斯神殿的森林"，尼罗河岛上的狮身人面像"灵庙的正面"，厚重的柱子排成的"灵庙的内部"，能看到水和火洞穴的"太阳神殿入口的试练场"，再后就是里面耸立着金字塔的"通往俄塞里斯像的路"（图五、图六、图七）。卡尔·弗雷德里克有时候会自由地理解席卡内德·武尔姆的指示，从而自己创造出一种独特的世界。例如，

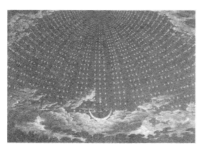

图五：卡尔·弗雷德里克的《夜女王的宫殿》

图六：卡尔·弗雷德里克的《萨拉斯特罗宫殿》

图七：卡尔·弗雷德里克的《通往俄塞里斯像的路》

灵庙就完全是出自他的独创而设计出来的。无论是记述睿智的神殿、理性的神殿还是自然的神殿，这都是指那个有三道门的建筑物。在埃及神殿的里面，可以隐约看到夜女王的半圆形屋顶，这种设计暗示着下一个场景，想必设计者也是煞费苦心了。

吉塞拉耶基斯曾经说，卡尔弗雷德里克的舞台设计给了后世非常大的影响，在剧场历史中，"在卡尔·弗雷德里克的后世中，所有的造型都在与之进行对抗，并且还必须以其为基准评价设计的好坏"，他给予卡尔·弗雷德里克非常高的评价［注八］。那么，我们再从建筑历史的角度来看卡尔弗雷德里克的设计。一七九三年左右，谢弗曾经设计了睿智的神殿的舞台画和原创的剧本卷首插图等，虽然《魔笛》的其他画与埃及没有关系，但是与其留下的浓厚的古典主义色彩相比，卡尔·弗雷德里克才是真正把埃及的建筑样式导入设计中的人。当然，拿破仑的远征也反映了一定的考古学成果。但是，事实并非仅此而已。在新古典主义中，人们在不断探究着其起源，并且对埃及也越来越有兴趣，对卡尔·弗雷德里克来说，《魔笛》应该是一部非常值得研究的作品。在此，他的浪漫主义表现被转嫁，并且最终喜欢上了幻想中的建筑。这可以说是在新古典主义中埃及复兴时期最好的设计事例。在实际的建筑中表现埃及式的建筑是非常困难的，它只有在舞台摆设中才有可能被表现出来。卡尔·弗雷德里克所完成的《魔笛》设计，可以说是建筑与音乐的幸福合作而产生的结晶。

注释：

［注一］フーゴー·ライヒテントリット『音楽の歴史と思想』服部幸三訳、音楽之友社、一九五九年。

［注二］岡田暁生『西洋音楽史』中公新書、二〇〇五年。

［注三］『モーツアルト事典』東京書籍、一九九一年。

［注四］三宅理一『エピキュリアンたちの首都』學藝書林、一九八九年、P. Duboy, Lequeu, *An Architectural Enigma*, Mit Press, 1987.

［注五］マンリー·P·ホール『フリーメーソンの失われた鍵』吉村正和訳、人文書院、一九八三年。

［注六］John Zukowsky, *Karl Friedrich Schinkel: The Drama Of Architecture*, Ernst Wasmuth Vertag, 1994.

［注七］Karl Friedrich Schinkel, *Buhnenentwurfe / Stage Designs*, Ernst und Sohn, 1990.

［注八］ギーゼラ·ヤークス「機械仕掛けの喜劇〈魔笛〉の舞台装置」『魔笛 モーツアルト』アッテイラ·チャンパイ＋デイートマル·ホラント編、音楽之友社、一九八七年。

第十一章　寄生虫、标注寄生虫和标注——乐库、萨蒂和舒曼

污点——肉眼看不见的连接体

一八五二年，晚年失意的建筑师将自己所画的很多设计图纸都赠送给了巴黎图书馆，然后就销声匿迹了。正好在一百年后，当时非常喜欢留胡子、戴帽子、打伞的第二个人出现了，他留下了芭蕾舞剧《今天停演》这部遗作，于一九二五年在巴黎的圣约瑟医院孤独地结束了他的人生。在这之后，他的朋友们第一次去了他的家，他们看到的只有破旧的钢琴、大量的尘埃、蜘蛛网、垃圾以及虫子，另外，还有堆成小山的纸屑，上面写着莫名其妙的话。

第二个男人这样告白："我现在孤苦无依，就像个孤儿一样——或者说像一只绦虫。"这两个人都过着非常窘迫的生活，在梦想的世界中生活着。前者就是没有什么作品留下的法国大革命时期的建筑师简·雅克·乐库（Lequeu），后者就是作曲家埃里克·萨蒂（Erik Satie）。这两个人在签名的时候总是会故意签错，写成"De Queux"、[DK]"Le Queu"、[DK]"Sadi"等。另外，萨蒂的原名就是"Eric"。但是，当问起后者是不是受到了前者很大影响的时候，并没有人探求两者在历史上的因果关系。这是因为生在不

同时期的建筑师和作曲家当时都只是在巴黎工作而已。

　　也许，他们之间的关系就好像博尔赫斯的故事那样。也就是说，在十三世纪忽必烈按照梦中所见的设计图建造了宫殿，但它最后还是成了一片废墟。但是在五个世纪之后，英国的诗人塞缪尔·泰勒·柯尔律治偶然间在梦中看到了书中的一首忽必烈宫殿的诗，这可以说是超越历史时空的梦了。或者说，两者的关系可以这样来看，那就是，它们的关系与在萨蒂的曲子《被囚禁的人的叹息》中，"几个世纪将两个人分开"、"我是船夫拉丘德"的约拿（被鲸鱼吃掉的旧约圣经中的先知）和"我是法国人约拿"的拉丘德（十八世纪的樵夫，在狱中生活）这两者的关系类似。不管怎么样，乐库和萨蒂这两个人是有一种超越个人而又被一种无意识联系到一起的。据说，博尔赫斯还说："梦的连锁反应也许是没有尽头的。"

　　白纸上的污点。落在白纸上的钢笔水。

　　也就是说，他们作的图或乐谱才是问题所在。如果存在透明的表达，那么现代的标记法（标记方法或者记录乐谱的方法）只不过是在信仰纯粹表达的道路上一直前行着，但是他们使其变成了声响的形式。本来，这些不能被显露的内容是通过文字（文字也是一种广义的标记方法）这种方式来表达的。原本在空间和时间之内展开的艺术形式——建筑和音乐——并不是用来表达具体意和内容的艺术。因此，在建筑和音乐的标记法中也没有预留空间让文字来介入。然而，媒体产生了多余的空间。但并不是像巴洛克那样产生了多余的空间。文字通过媒介而越发多了起来。可以说文字就是寄生在纸上的污点。具有透明认识的破坏者，在标记上使得病毒蔓延开来了。

狩猎——中断了的表达

"所有的动物都是用猪之石做成的。也就是说，如果搓一搓石头，就变成了猫的尿，腐烂的鸡蛋……成了散发着气味的、混着硫黄的石灰一样的东西。"这就是由乐库所画的设计图《皇太子的狩猎场,快乐园之门》(图一)中的空白部分，准确地说，应该是张开嘴的野猪右上角的一小段批注。猎犬的头上记录着这样的内容："方尖塔的前端加了装饰物，堆

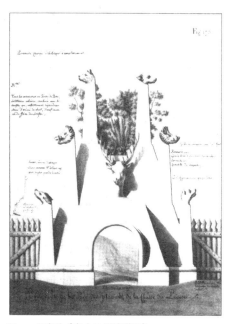

图一：乐库的《皇太子的狩猎场》

砌起来就成了金字塔。"也就是说，捕猎的对象＝以雄鹿的头为中心，两头野猪和四只猎犬被置于方尖塔上，这仿佛就是一个动物与建筑物的复合体。乐库就是将各种不同的要素组合在一起的大师。像这样，在同一张设计图中添加了奇妙的文章以后，就使本来不同寻常的建筑物更加引起了意义上的混乱，因为文字已经侵入了建筑物中。只通过设计图传达不了的强烈情感通过文字被唤起了，这就是带有嗅觉的建筑物。那么，它又是什么气味呢！

另一方面，萨蒂并没有猎杀那些可怜的动物。因为他一时冲动，在只

图二：萨蒂的《狩猎》

有短短二十秒的乐曲《狩猎》中这样写道："听见了吗？兔子在歌唱！……说起我呀，我正在打胡桃呢！"（图二）在巴洛克时期，卡农和赋格曲的音乐结构，也就是用音的追赶和逃跑来表达《狩猎》这首歌曲的形象，到了后来，也尝试了用圆号模仿其中的音响效果，或者维瓦尔第通过颤音来模仿《狩猎》等。但萨蒂的《狩猎》是根据语言创作出来的。本来，这不是所谓的歌词，也不是给演奏者的指示，这只是音符的游戏，对纯粹的钢琴曲来说，它很需要一个故事。于是，五线谱的下段出现了代替音符的语言文字。这是被写入曲谱的文章记述，是不会被人朗诵出来的词语。例如，萨蒂在《每一个世纪的一瞬间》这首曲子的乐谱的最后一页这样写道："各位，在音乐演奏的过程中，禁止大声阅读这些文章。违反此规定的人，其无礼的态度，一定会招致正义的愤怒。此规定对于任何人都不例外。"

那么，这些文字又是为谁而写的呢？（小声读就没有关系吗？）

本来，音乐上的标记法就是为了能够让曲子按照作曲者→演奏者→欣赏者这一顺序顺利地传达而作的。但是，如果将其作为对演奏者的指示，那就显得太饶舌了；如果作为歌词，怎么也得演唱出来，这段文章就在这样一个位置，在从作曲者到演奏者的过程中，好像一下子被架空了，突然就出现了这样的文章。这就是中断了的乐谱标记。就算是演奏者知道这段文章的意义，也传达不到听众那里。我们再来看一看建筑的设计图纸，如果它像乐库那样是无法实现的建筑工程，那么从设计者→施工单位→使用者的链条就断了。不管怎么说，萨蒂的注释扰乱了古典音乐所有的标记体系，是一个外部入侵者。音乐的欣赏者只要不看被添了注释的五线谱，那么乐谱上的寄生虫就会在纸上永远地说着话。

伪证——被磨灭的痕迹

埃米尔·考夫曼在其跨时代的研究《三个革命建筑师》中，在构想用球体等纯粹几何来构成建筑物的时候，曾将乐库与同时代的路易斯·艾蒂安和克劳德·尼古拉斯·勒杜进行了比较，乐库被评价为现代主义的先驱，但是并没有提到关于标记上的战略等［注一］。的确，无论是谁的设计，都是在黑色的框架里描绘的。但是，路易斯·艾蒂安本来是要立志成为一名画家的，因此，他极力排除文章标题似的标记方法，从来不在作品中插入语言，他所构造的世界可以说是一个纯粹的表象世界。但非常讽刺的就是，连巴别塔状的建筑物设计图中也没有多余的语言或文字，就好像患了失语症一样（图三）。我们再来看一下克劳德·尼古拉斯·勒杜的作品，他采用了"说话的建筑"这一方式，在书中加了插图等表现形式，将图画的世界从饶舌的文章中分离出来。与学院派建筑物的图纸一样，他试着在主题、房间名称、设计图形式上用文字来表示，即文字侵蚀。

图三：艾蒂安设计的螺旋形塔

另一方面，乐库就好像写书一样，几乎在所有的设

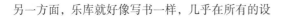

计图中都加注了文字解释，就好像文章也混在了同一个系统之内。但是，他很少只用独立的文字来解释建筑物。也许就像埃米尔·考夫曼在其著述《从克劳德·尼古拉斯·勒杜到勒·柯布西耶》中说的，十八世纪的建筑师就好像在追求与现代主义相联系的自律形态，大家都无视了设计图中的寄生虫[注二]。事实上，据菲利普·杜伯伊说，埃米尔·考夫曼一九三九年在其著作《路易斯·艾蒂安的交织字母装饰》中介绍了乐库的"神圣的城市"（图四、图五）和"最有学识的人的坟墓"，但是在设计图中，我们可以发现，文字的注释都消失了[注三]。也就是说，设计图中的寄生虫终于被赶跑了。

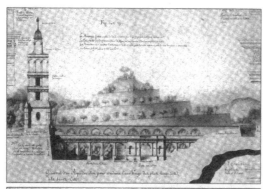

图四：乐库"神圣的都市"（原创［上］）
图五：乐库"神圣的都市"除去说明之后［下］

大家都知道勒·柯布西耶通过利用媒体而修正建筑照片这件事，就好像历史学家也适合于现代主义一样，乐库的设计图就成了一种不真实的证据［注四］。

我们再指出一

个不同之处。那就是克劳德·尼古拉斯·勒杜在设计图中同时用了平面图，而乐库只用了立面设计图而已。下面的事例就是两者不同的例子：同样是以男子的生殖器官为题的作品，克劳德·尼古拉斯·勒杜的"妓院"设计图中用了平面设计，而乐库的"向最高的神奉献自己的场所……"中使用了立面设计。勒杜把其作品当作一种社会的工程，他构想了一个充满爱的家，而乐库只是将男性器官设计成了立体的。也许，立体的设计是更适于表达个人情感的方法。

这是乐库将自己女性化了的自画像（图六），把鼻子放在男性性器官下面的"庭院之神的哥特式遗物匣子"，描写在只有两只鸽子的庭院中男女性交的"在最快乐的小庭院中的爱之吊床"，然后就是描写男性和女性性器官的图，或者是巴克斯神享乐主义风景等，他画了很多"淫荡的插图"。很少有像他这样描写

图六：乐库的非常态自画像

绘制关于性妄想插图的建筑师。杰克·希卢迈在论文《乐库和低级趣味的创意》中这样写到，这种色情的灵感给设计带来了大胆的曲线，他敏锐的嗅觉和学术上的列举强迫观念正表达着他的施虐狂迹象［注五］。乐库的这种穿透建筑框架而产生的过剩现象，也就是个人情感和对性的幻想，导致了设计图的不透明性。

简·雅克·乐库、卢梭、勒夫——混乱和完整的逻辑

在乐库自己编纂的图集《市民建筑》中，各种建筑物恐怕很难找到统一的视觉效果。他虽然将所有的东西都建筑化了，但是拒绝像遵守语法规则一样将所有的建筑物都套用在一个规则之中。例如第三十四号插图，虽然在同一张纸上，但是上面是"这扇门就是通向荣誉神殿、美德神殿的入口"，

下面是"巨大的火药库"，这两者有什么关联呢？（图七）这就好像是新古典主义风格的神殿与一张幽默的脸一样，脸上还长着尖头拱门的嘴。而三十六号插图就是一个工厂了，不仅有帕拉第奥风格的开口部分，而且窗户上毫无装饰，下面则是屋顶有西洋雕像的中国式报摊。这些都来自十八世纪在法国流行的新古典主义、回归自然及异

图七：乐库"美德神殿"和"火药库"

国风情风格。虽然这么说，但是作者并没有将画中的建筑物按一种秩序整理，而且也没有想要将整体系统化。也就是说，这个图集《市民建筑》设立了一个奇妙的题目，然后成了乐库的一个歪曲了梦中现代世界的百科辞典。

　　虽说在百科辞典中有很多意义不明确的加注，但这本书不仅仅是涂鸦或者是幼稚的画集而已。从乐库的履历上，我们可以看出，他确实是一位非常优秀的设计师。他以优异的成绩从家乡鲁昂的美术学校毕业，从一七七九年开始，在巴黎苏夫落的事务所一边制图，一边投身于建筑教育。在《市民建筑》这本图集的导言部分，乐库对于用阴影表达的作图方法进行了详细的解说。从下面的著述中，我们不难看出他非常热心于制图法。在一七八九年，乐库编写了有关蚀刻法教育的著作；在一七九二年，他又发表了论文《新方法：用各种几何学制图完全描绘人头部的基本画图原理》（简称《新方法》）。在后一篇论文中，乐库对头部的各个部分，也就是眼睛、鼻子、嘴巴、耳朵等用几何作图法描绘出来，并对这一方法进行了说明，还附有插图，最后运用了最新的方法再现了完整的人的头像（图八）。

图八：乐库的《新方法》

　　但是，用这种"新的方法"画出来的理想中的头像，鼻梁显得太厚重，而且圆圆的眼睛周围还有鸡蛋形的轮廓，怎么看都非常不自然。这种不自然还与解剖学中的人体观察和用比例分析人体这两种方法产生的缺点不同。因为精密的图面表现系统出现了混乱，于是原创作品也就变了样子，反倒本末倒置了。这是超越了追求合理性的迪朗透明表象的理论。乐库"新方法"将自己的专家气质表现得淋漓尽致，并且与十八世纪法国的合理主义混在了一起，从而创造了这种乌托邦似的制图表达方式。就像希卢迈所说的那样，乐库为了升华所谓的性强迫观念而造成了反潮流，也许是因为他将全部的心血放在了完美设计图的制图上才会这样。不管怎样，他绝对不是技术上不精湛的设计师。可以说，他就是因为有了充足的而且非常高超的技术，才会在设计图上加上一些让普通人难以理解的加注。在超越表象界限的这一行为中，可以说他的技术是必不可少的。

另一方面，让·雅克·卢梭通过写乐谱而维持他孤独的晚年的生计。卢梭大量地写乐谱，可以说他一心一意地写乐谱，在那过程中，他想出了更加合理的数字标记法。所有音的音高和音长不用五线谱，而用数字表示出来，无论是谁都能很容易地看懂乐谱，卢梭提倡的正是这样一种乐谱记录方法。和乐库一样，他想出数字记谱法的目的也是探索完美标记法，这也是十八世纪法国合理思想的产物。但是，这种记谱法遭到了作曲家拉莫的彻底反驳。

我们再回到乐库。他不仅仅在图纸的空白处加了文字，而且在设计的建筑物表面也留下了文字雕刻的痕迹。无论是在纪念碑上，还是在座右铭上，又或者是在金属板和招牌上，在所有的地方都能看见文字。也许是因为他本身就对文字非常感兴趣。而且，在他添加的文字中，还有好多是异国文字。比如在"被称为中国式住宅的园艺师的家"和"面对光神殿的椭圆形门，中国式住宅的会客室"中，就分别用汉字写着"杏雨风"和"木九里"（图九）。另外，在"入口正对着大瀑布的埃及式小住宅"和"设有水闸的埃及式桥"中还运用了象形文字；在"巨大岩石下挂着祭坛画的小犹太教堂"中，据说运用了阿拉伯文字。也就是说，乐库的百科辞典中出现了无数的文字。

接下来，我们再研究一下安东尼奥巴塞瑞的《建筑基本图集》（一八三九

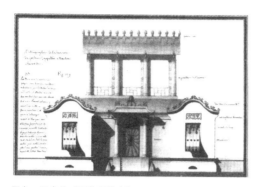

图九：乐库的"园艺师的家"

年）中将建筑文学化的现象。例如，由 B 这个文字建造成的巴别塔，由于它是"以一个字母为主题的绘图集合"，所以并不是正规的巴别塔。他并不像乐库那样混乱。顺便说一下，在萨蒂的《大台阶进行曲》（一九一三年）中，也在乐谱的空白部分加入了文字，就好像构成了一首诗的世界，为了能够使其像巴别塔，就在设计中加入了千层象牙制成的大台阶。

另外，在乐库的《新方法》中，作者好像得到了图书的启示一样。他是一个非常喜欢图书馆的人，自己也创作了几部戏曲作品（非常遗憾，稿子全部遗失了）。萨蒂在旧书店说道："卖书，买书，这是多么愉快的事情啊！"他称赞书店为"不可思议的诱惑"，乐库和萨蒂本来都是非常爱书的人。

埃里克·萨蒂——音乐与语言的临界点

萨蒂创造出了无数的寄生虫。

像《梨形三小曲》《干涸的胎儿》《在某种意义上勉强拼凑出来的几个乐章》《无题》（《新儿童音乐集》的第二曲为"无题"）等，任意一首钢琴曲的名字都非常奇妙。并且，像《不要吃太多》《从远处注视自己》《不要说话》《认真的，但是不许掉眼泪》等这些曲子的指挥也是非常奇妙的。在《古老的金币和古老的铠甲》与《找茬》这两部曲子中，作者对演奏者提出了"重复二百六十七次"和"重复八百四十次"这样无礼的要求。这些音乐真的非常令人费解。在萨蒂的《叙事曲》中，他评价这是"我创作出来的杂音"，并且用语言指示这首曲子在实际演奏中的风格，而且还加入了美声歌唱家的声音。他说其提倡的"家具音乐"指音乐不是主角，而是在现实中衬托日常生活中的声音。

在萨蒂的五线谱中，还出现了建筑上的插图（图十）。有时候，他那些令人匪夷所思的语言如果被判断为与音乐无关，那就被过滤掉了，而与音乐结构相一致的语言则会被规范化［注六］。另外，经常有人指出他的语言具有多义性的特点，并且他的性格也是有些爱挖苦人的，但是也可以说，标记法的制度化正好孕育了文字，即语言寄生在一个已经规范化了的标记法上。

图十：萨蒂的《拿撒勒人第一前奏曲》手稿中有很多建筑草图

在音乐与语言之间的斗争中，语言曾经占上风，音乐家在语言的基础上谱曲。但是，到了中世纪后期，音乐逆转了两者之间的地位。乐谱记录方法的确立和作曲技术的发展，使音乐最终征服了语言。然后，纯粹的乐器产生了音的自律运动。特别是以键盘乐器为基础产生的现代记录乐谱的方法，实际上正在促进透明标记方法的发展。就是在演奏的指示中，少数的语言也被驱逐出去了，而留下的只有像弱音和强音这样的意大利语起源的语言。但是，十九世纪非常流行的标题音乐由于非常接近于浪漫派的诗歌，所以又产生了新的问题。

例如，积极进行音乐批判的舒曼曾经想成为一名作家。我们来看一下他的《幻想小曲集》作品十二中的第三曲的《为什么》和《谜》。舒曼也在乐谱中用德语重复了好多次"带点幽默感"这样的细语。另外，他还写了其他不寻常的一些指示词语，比如说"更加狂热""再痛苦一点""从远处传来的声音"等。以上的话语都不能用音来表现。不仅如此，令人惊讶的是，就连五线谱上的音都没有被演奏出来。在《幽默曲》作品二十的中间，动机被标注为"内部的声音"，这是一段不能出声的旋律（图十一），是一种只能通过想象表达的旋律。而在《狂欢节》中插入的《斯芬克斯猫》（图十二）中，他将四个音分别记成了"a""b""c""d"这四个字母，但因为是用休止符表示的，所以是不可以被演奏出来的，也就是所谓的不振动空气的"幻觉音"。

施奈德曾经这样说过："舒曼的音乐中真的出现了大量的记号！"并且，

图十一：舒曼的《幽默曲》作品二十，一八三八年

图十二：舒曼的《斯芬克斯猫》，一八三五年

他对作曲家的精神分析进行了考察［注七］。另外，罗兰·巴特和吉尔·德勒兹则指出，在舒曼的曲子中，音乐是不停歇的，他们尤为赞赏了其间的奏曲。但是，到了最后，舒曼自己也非常苦恼于他这种不间断的音乐。以前，舒曼觉得内部的声音就好像是在梦中呓语一样，所以他才把它引入作品当中，这样，他的脑子里就存在许多不被他人听到的声音。最后只能听见第一个字母"a"的舒曼，可以说是自己把自己压垮了，这就是发狂的结果。

声音和语言是属于不同世界的。但是，音乐的标记法直接与语言相连，音乐显露的系统也就瓦解了。因此，舒曼和萨蒂的音乐中掺杂了太多不纯净的东西，故不能变成美丽的凝冻的"建筑化"。另外，尽管乐库被称为超现实主义的先驱，但是我们应该看到，无论从粘贴画的技巧和奇妙的故事内容上来看，还是从语言和设计图的新关系来看，他的成就都是非常值得赞赏的。因为他的作品表示着表象的临界点。在设计图和乐谱的制度对面，出现了扭曲的空间和时间。乐库不仅与勒·柯布西耶有关联，还与包括超现实主义在内的各种各样的艺术运动有不可分割的关系。萨蒂与达达主义相关，而约翰·凯吉非常欣赏萨蒂。另外，据说马塞尔·杜尚曾经和乐库的研究学者杜伯伊这样说道："我丈夫的研究都集中在了两个人的身上，一个是见过面的雷蒙·鲁塞尔，而另一个就是完全不认识的简·雅克·乐库。"［注八］

密教的萨蒂——夜的思考

夜曲在静静地流淌着。有时候，我们能在乐库的作品中感受到这种氛围［注九］。原来是这样，在"皎洁的月光下，或者在阴郁的天空下"，有

《占卜神殿》（图
十三）、《神秘的
森林深处》、《神
谕的洞穴》、《共
济会建造的石砌的
海上古城》等设计
图，它们都是在幻
想的情境中放置的
建筑物，轮廓模糊

图十三：乐库的《占卜神殿》

不清，而且被一种黑暗的势力支配着。实际上，还有一种思想非常有魅力，
那就是与光明的思想相抗衡的乐库的思想。他曾经受到共济会的影响。例如，
在《哥特式住宅的地下室》［第十章图二］这个作品中，他构造了一个通过
火、水、空气洗礼的举行入会仪式的舞台。莫扎特的《魔笛》中也出现了这
样的舞台场景。另外，乐库的《新方法》一书和《睿智的神殿》中都使用了
独特的语言表达方法，这也反映着乐库的思想，那就是密教。但是，在密教
的场面上，我们也能稍微听到一些曲调和谐的音乐。

　　另一方面，冉克雷维曾经将此作为思考的一种隐喻对《夜晚的音乐（夜
曲）》进行了论述［注十］。他认为，帕斯卡的"欠缺清晰"正是从夜晚开
始的，并且向浪漫主义的"混乱"发展着。这在讨厌清晰的反笛卡儿学派的
著述中也出现过。这是非常适合幻想的音乐。萨蒂也是夜晚的艺术家。如果
说舒曼的夜曲风格中表现出来的夜是疯狂的，那么萨蒂的曲子表现出来的则
是一种接近于晨雾的夜。原本萨蒂就对中世纪的神秘主义特别着迷，作了《尖

型穹隆》（一八八六年）。在之后的一八九〇年，他接受熟识的作曲家的邀请，来到了蒙马特的小酒馆"黑猫"中，成了蔷薇红十字团的公认作家，并且着手创作了《蔷薇红十字团最初的思想》和《蔷薇红十字团的乐曲》。但是，短短两年以后他就告别了这个蔷薇红十字团。之后，他在自己的家中设立了礼拜堂，一个人开始了对密教的思索。自从解决了蚊子的烦恼之后，萨蒂好像喃喃自语地说道："你们这些人难道不是共济会派来的奸细吗？"

动物——奇异的产生和变化

萨蒂非常喜欢狗，他曾说："越了解人类，我就越喜欢狗。"他还计划着专门为狗写歌剧《（为了狗）前奏曲》。他的《今天停演》中有两个副标题，即"电影的〈休息〉和〈狗的尾巴〉两幕式瞬间主义芭蕾"，但是关于《狗的尾巴》迷雾重重。一九一六年，他以"音乐中的动物"为题进行了演讲，在"音乐与动物"的草稿中，他这样写道："我非常喜欢动物……无论是在绘画中还是在雕刻中，我都经常用艺术形式来表现动物……（但是）动物似乎不太适合造型艺术……而与此相对，建筑和艺术吸引了它们。"这是因为兔子和小鸟都筑了巢，像这样，他用自己的方式将动物融入了音乐［注十一］。在他的音乐中总是充满了动物的形象，从指挥演奏者"像野兽一样"，到猴王、牙疼的黄莺、猫头鹰、野猪、马、猪、猫、老鼠、蛇、青蛙、做梦的鱼、章鱼、螃蟹、海参等，许多动物都上场了。这样的音乐就好像是为那些被动物园赶出来的动物而作的赞歌一样。

说起对动物的偏爱，乐库不输于萨蒂。有时候作为建筑部分的装饰，像蛇缠绕着的柱子、东洋的象鼻风的突出、狮子头饰、登上拱门的七只鹿、猫头鹰、大雕、猫、蛾子，还有怪兽一样的装饰也寄生了在建筑物上。另外，他有时候干脆以动物为主题来设计建筑物，比如乐库构想了在房顶上栖息着鸽子的"乡下饲养场中的鸽子屋"，建筑物上有鸡的形象的"用热来孵化雏鸡就好像烤箱一样，佃农的鸡舍"，建筑物的上部装饰着牛的浮雕，在门上加上牛头模样和牛的乳房一样的门环，两边的柱子顶端装饰着牛头的"乳制品加工厂"等建筑物。最极端的动物建筑就是整体为牛形状的"在新鲜的牧草地上建造的牛舍"。建筑在不断地改变着，而且逐渐变成了动物建筑。鸡和牛的声音吞噬了纯粹的形态，扰乱了理性的建筑。这就是由动物和建筑物构成的一个马戏团。米歇尔·福柯指出的就是不采取古典主义时期的透明表象学中的"表"这种形式，而是没有秩序的动物排列（乐库）。这段话就好像一个圆环一样，最终又回到了萨蒂留下来的谜题《狗的尾巴》（乐库）中去了。

地图——表象的界限

萨蒂的乐曲《官僚的小奏鸣曲》（一九一七年）中有"快，出门吧，他正开心地走向机关单位"的备注。但是法国大革命以后，乐库就不在建筑师的道路上继续前行了。一七九三年，他转到土地注册调查局工作。从一八○二年起，他又在内务省从事绘制巴黎地图的工作。即先由国家来测定空间，然后由乐库将结果绘在纸上。白天，他绘制精密的地图，到了晚上，他回到圣丹尼街上那间破旧的宿舍里居住，并且绘制他梦想中的图纸。这就是计算空间和寄生者的快乐，这两种矛盾的逻辑就出现在了这样一个地图绘制者身上。

比起咖啡店来，萨蒂还是喜欢小酒馆的。但是，萨蒂身上不仅有着在生活上奔放的一面，还有着一种不可思议的认真。他说，比起听音来，他更加喜欢测定音，他对能够轻松记下乐谱的音响测定器产生了极大的兴趣。他还说，艺术家应该过规律的生活，他每天七点十八分起床，晚上二十二点三十七分睡觉。他要求自己每天按照正确的时间进行每一项事情，并且把自己的时间表收录在了《健忘症患者的回忆录》这本书中。无论是测量音的高度还是测量时间，标记法都会带来乐趣。

舒曼在金钱的管理上也是如此，就连最小数额的支出他都会记在小小

图十四：献给小提琴家约阿希姆的画。摘自舒曼的《黑猫的队伍》

的账本上。但是到了晚年，他对计算的追求热情减弱了。据他的弟子勃拉姆斯说，在他死之前，勃拉姆斯到精神病院来探望他的时候，舒曼正在眺望远处的世界地图。当时的舒曼已经丧失了与他人交流的能力，但是他能说出地图上的地名，热衷于地名交换的游戏。然而，有时候他会将街道的名字说成是山川的名字，或者将大山的名字说成河流的名字。最后他干脆就乱说了，将收集起来的好多地名按照字母的顺序进行排列。这个时候，地名就失去了其意义，融入了可以看到的空间中，地图也变得字典化了。

博尔赫斯的志怪小说集中收录了终极的地图故事《学问的严谨程度》。故事讲述的是某帝国在获得了完美地图的制图法后，马上就想制作这样一张

地图，将所有的地图细节都与帝国一一对应，最后就绘制出了一张与帝国大小一样的地图。这明确地表现了标记法的最终样子，同时又暴露了其极限。实际上，这个故事的出处是米兰达的《贤者之旅》，其发行时间为一六五八年，这正巧是福柯以《语言与事物》来预示表象的时代开端，而且和一六五六年委拉斯费兹的《侍女们》和一六五七年约翰逊·斯顿斯的《四足兽的博物志》的创作时间差不多。那个时候，如果扔掉有关动物的传说就能达成透明的表象，那么保证建筑和音乐的古典标记也是欠缺语言的。但是，表象空间在诞生的同时也迎来了危机，因为《学问的严谨程度》的结局已经预见了寄生者的出现。

"后世的人并没有全身心地投入地图绘制当中，他们认为这种放大的地图实际上是没有用处的，大不敬地使它暴露在了太阳下和冬天的严寒中。但是西部的沙漠地区还残留着地图的残骸，在那里居住着乞讨的人和动物。除此之外，这个国家没有遗留一点绘制地图的痕迹。"［注十二］

注释:

［注一］E·カウフマン『三人の革命的建築家』白井秀和訳、中央公論美術出版、一九九四年。

［注二］E. カウフマン『ルドゥーからル·コルビュジエまで』白井秀和訳、中央公論美術出版、一九九二年。

［注三］P. Duboy, *Lequeu: An Architectural Enigma*, MIT Press, 1987.

［注四］B. コロミーナ『マスメディアとしての近代建築』松畑強訳、鹿島出版会、一九九六年。

［注五］J. Guillerme, "Lequeu et L'Invention du Mauvais Gout", *Gazette des Beax-Arts*, 1965.

［注六］秋山邦晴『エリック·サティ 覚え書』青土社、一九九〇年。

［注七］M·シュネデール『シューマン 黄昏のアリア』千葉文夫訳、筑摩書房、一九九三年。

［注八］Duboy, op. cit.

［注九］G. Metken, "J. J. Lequeu et L'Architecture Revee", *Gazette des Beax-Arts*, 1965, pp. 220-221.

［注十］V· ジャンケレヴィッチ『夜の音楽』千葉文夫ほか訳、シンフォニア、一九八六年。

［注十一］O. Volta, *Erik Satie: Ecrits*, Editions Champ Libre, 1977.

［注十二］ホルヘルイスボルヘス『ポルヘス怪奇譚集』柳瀬尚紀訳、晶文社、一九七六年。

书中引用的萨蒂的语言大多沿用了秋山邦晴和藤富保男的翻译。另外，关于博尔赫斯的内容，引用了中村健二和柳瀬尚纪的翻译。

第十二章　泽纳基斯和勒·柯布西耶的
菲利普斯馆

兼具建筑家和音乐家的双重身份

近代以后，建筑和音乐分开成为两个独立的学科。

但是，两者也并非毫无关联。在二十世纪中，勒·柯布西耶是著名的现代主义建筑家，他创立了以黄金分割为依据的人体模型图——"人体工学"标准，并且认为这一标准不仅适用于建筑，也适用于音乐。他是毕达哥拉斯"万物皆数"这一理论的追随者。而且，在勒·柯布西耶事务所里工作过的现代音乐作曲家伊安尼斯·泽纳基斯也深刻地认识到建筑和音乐之间存在不可分割的联系。他在数学方面有过人的天赋和才能，并把这种才能用到了设计和作曲上。顺便说一句，泽纳基斯还写了一本名为《音乐与建筑》［注一］的著作。不过，由于这本书中"音乐"和"建筑"的章节是并列的，所以给人一种两者分离开来的深刻印象，读者很难理解音乐与建筑的交叉点。所以，本章我们将探讨他是如何以数学为媒介将建筑和音乐连接起来的。

一九五六年，勒·柯布西耶接到一项工作：设计第二次世界大战后的首届世博会（即布鲁塞尔世博会）中的菲利普斯馆。于是，他让事务所里年轻的员工希腊人伊阿尼斯·泽纳基斯负责这项设计。当时的泽纳基斯一边运用数学发散思维设计充满几何学原理的建筑，一边为场馆作曲。不同领域的艺术家共同合作并不是什么稀奇的事，而且世博会本来就作为建筑、媒体等艺术形式的试验场而受到不同艺术家的喜爱。可是，同一个人身上拥有如此特殊的才能，既是建筑家又是音乐家，令人称奇。在数学方面，他特别擅长概率、群论等，并且把这些知识应用到建筑领域和现代音乐的作曲上。勒·柯布西耶曾经这样评价泽纳基斯："他是一个集工程师、作曲家、建筑家多种角色于一身的人。"菲利普斯馆在勒·柯布西耶的创作生涯中，也是一次非常奇特而成功的设计，或许很大的原因在于它充分体现了泽纳基斯的天才个性。

那么，泽纳基斯到底是个有着怎样经历的人呢？他于一九二二年出生在罗马尼亚一个希腊人家庭，一九三二年移居希腊。一九四〇年开始进入雅典理工学院学习工程学，之后由于参与反纳粹活动被判死刑，一九四七年逃亡到巴黎。二十世纪五十年代，他都在勒·柯布西耶的事务所工作，主要负责结构设计。他参与的主要作品除了菲利普斯馆，还有拉·图雷特修道院、南特马赛公寓等。

另一方面，这个时期，他在从事建筑设计的同时，还和当时的音乐家广泛交流，开始了自己的音乐事业。移居巴黎的第二年，他分别师从奥涅格和米罗；一九五〇年，他又跟随梅西昂学习音乐；进入五十年代后，他开始作曲。一九五八年，在设计菲利普斯馆期间，其实刚才也提过了，他一边负责设计，一边创作场馆内演奏用的乐曲，逐渐成长为一名音乐家。这既是他最早期的音乐作品，也是他最后的主要建筑作品。菲利普斯馆的设计工作结束以后，他离开了勒·柯布西耶的事务所，从二十世纪六十年代开始，他正式跨入音乐界。他作为现代音乐家，音乐作品以空间感极强的结构为人熟知，不过，晚年的泽纳基斯还是会偶尔负责设计朋友的住宅等。

双曲抛物面的建筑

接下来，我们看一下菲利普斯馆的设计过程［注二］。一开始，勒·柯布西耶为其提供了一幅美丽的场景"电子诗及容纳这首诗的容器"，希望能给他一些灵感。电子诗是一种运用当时尖端科技的二十世纪的综合艺术，由颜色、光、声音和旋律组成。勒·柯布西耶试图灵活应用各种新型媒介，宣传菲利普斯公司的技术。在这个基本理念的指导下，对新技术怀有浓厚兴趣的现代音乐家埃德加·瓦雷兹一边编辑录音带，一边作曲。菲利普·阿戈斯蒂尼和珀蒂借助勒·柯布西耶挑选的手骨、原子弹爆炸的蘑菇云等影像，运用蒙太奇手法制作了一部非常前卫的影片。后来，瓦雷兹回想起这一段，不禁感叹道："第一次，我听到了自己的音乐被完全投影到空间上的声音。"而且，当时的泽纳基斯还创作了一首名为《双曲抛物线混凝土》的间奏曲。八分钟的电子诗和两分钟的间奏曲正好组成了一个完美的周期，包括了观众欣赏影片的时间和下一批参观者进馆的时间。

在设计时，泽纳基斯应用了双曲抛物面和圆锥曲面等几何学知识。双曲抛物面就是旋转直线并使之不停滚动所形成的曲面。自古以来，数学家都非常熟悉这种曲面，二十世纪以前的力学领域还有它的身影，但是直到二十世纪中期以后，它才出现在建筑领域。虽然混凝土这种新型材料不仅可以应用在平面上，还可以自由地使用在连续的曲面上，但是，实际上它只是停留在模仿木结构、石结构建筑的阶段。而泽纳基斯成功地创造出了水平高超的几何学造型，同时，他的设计还充分利用了混凝土的特性，在这两方面，泽纳基斯都挑战了新的高度。

泽纳基斯认为物体的形态是一个拥有五个变量的函数。第一个变量是两条直线 A 和 B 之间的距离，接着，分别在两条直线上画出等距离的点，直线 A 上相邻点之间的距离称为 a，直线 B 上相邻点之间的距离称为 b，a 和 b 就分别是第二个和第三个变量。最后，直线 A 和直线 B 相交形成的角的度数分别为第四、第五个变量：φ 和 ω。最后，把两条直线上的点用线连起来形成的曲面就会根据以上五个变量不断变化，这就构成了菲利普斯馆的墙体和顶棚。所以，第一次的方案就是运用高超的几何学手法完成大体设计、确定结构，然后覆盖由双曲抛物面和圆锥曲面组成的内部空间。他用铁丝做了一个模型（图一）。

在第二次的设计图中，他加入了更加贴合实际的构思，整座场馆都被设计成了双曲抛物面的形状。这是为了简化结构计算和施工过程中的步骤。

图一：泽纳基斯第一次的方案中菲利普斯馆的铁丝模型

伯纳德和比利时的斯特拉德合作，完成了技术改良。最后，双曲抛物面被巧妙地切割成了50度角的偏菱形，由预制混凝土材料制成。为了保持结构上的平衡，凹面被改成了凸面，这样就去掉了原计划中的四根大柱子，从而形成一个完全由曲面组成的独立结构的建筑。混凝土表面全部涂上银色的铝，宛如一系列连续的曲面。

　　这样，菲利普斯馆的墙体、柱子和屋顶都一体化了，呈现出连续的被扭转了的形态（图二）。在这座场馆里，人们看不到建筑物最基本的水平屋顶、笔直竖立的墙壁和所谓的柱子。也就是说，菲利普斯馆在外形上根本不存在单纯的水平面和垂直面。

　　这个颇有意思的想法，与泽纳基斯所作的曲子《转化》（一九五四年）

图二：菲利普斯馆

的演奏技法也不无关系。另外，有效利用双曲抛物面的日本现代建筑中比较有名的便是继菲利普斯馆建成八年之后，由丹下健三设计的东京圣玛利亚主教堂（一九六四年）。不过，丹下依照教会传统，把大教堂设计成了静态的"十"字形平面。与此相对，泽纳基斯设计的场馆却是扭转的 S 形。

追求真正的三维空间

　　勒柯布西耶高度评价了泽纳基斯的音乐素养和数学天赋，请求他在拉图雷特修道院设计中采用直棂窗（垂直材料）的同时，还要根据"人体工学"标准做音乐式的分配（图三）。于是，泽纳斯基加入自己创作的曲子《转化》的节奏，音调如同翻腾一般不断变化，由此将窗户分隔成多个部分。实际上，两年后他设计菲利普斯馆时，这首曲子也给了他不少灵感。顺便说一句，他在拉·图雷特修道院其他窗户的设计上，也运用了音乐中的对位法原理，用各种图样将隔开的各个部分组合起来，做了很多尝试［注三］（图四）。所谓对位法，是文艺复兴时期和巴洛克时期的"音乐"创作中的常见手法，其特点是不断组合构成基本旋律的音的排列，以创造出各种各样的不同旋律。

《转化》这首乐曲，由丰富多彩的连续的滑奏和不连续的拨奏构成。滑奏就是使音程连续上升或者下降，从而连接起本不连续的十二音阶的一种演奏方法。弦乐器可以通过手指的拨动实现声音的连续变化，而这对吹奏乐

图三：拉·图雷特修道院

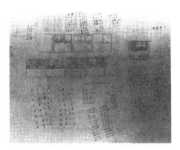

图四：拉·图雷特修道院的窗户。为了完成设计，他经历了按 a、b、c、d 顺序交替排列的一系列操作。图的下部。

器来说几乎是不可能的，而且一旦变化复杂，如果没有电脑，想要准确表现滑奏就非常困难。不过，如果是单位时间内音程变化固定的拨奏，那么用一般的记谱法便可以轻松地表现出来，而且这样一来，古典管弦乐的演奏也成为可能。所以，这首曲子是一点点逐渐积累滑动的拨奏而形成的。变化的音形被复杂扭转，最后形成了一首系统有条理的乐曲。

这首曲子不但在五线谱上，还在图表中记录了下来。古典的五线谱上记录的音都不是连续的点，每个音只能持续相等的音程。如果以音的频率（音

高）为 Y 轴，时间为 X 轴，把曲子记到图表上，那就成了拥有一定长度的、朝水平方向延伸的直线。在图表中还能描绘像抛物线那样的曲线，这种音形在一般的五线谱上是没办法记录的。音程以一定的速度变化的拨奏，在灵活运用图表的乐谱上就表现为一条倾斜的直线。所以，如果将《转化》里不同的拨奏组合表现在图表里，那就成了直线不断累积，最后整体看来是一个双曲线抛物面的形状（图五）。这看起来，就宛如菲利普斯馆的立面图，或者平面图。所以说，特殊的乐谱和建筑设计图是可以互相替换的。因此，在结构层次方面，乐谱和建筑设计图也被衔接了起来。

泽纳基斯试图在菲利普斯馆的设计中实现"真正的三维建筑"。归根

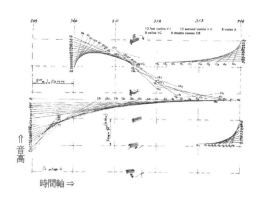

图五：《转化》的图表式乐谱
（一九五四年）。注：图中 X
轴为"时间轴"，Y 轴为"音高"

结底在于，他对建筑有着如下的独特看法。他认为，普通建筑的墙壁总是垂直的，而且每一层都是千篇一律的相同平面。这样的建筑就是在所谓的二维平面图上设计出来的，然后沿着外部轮廓加上垂直的墙壁即可。也就是说，三维世界虽然是存在的，但墙壁和地面的各部分仍然是由二维平面构成的，只不过是二维平面的组合罢了。

而另一方面，真正的三维立体并不能还原到二维平面。比如说，双曲抛物面和圆锥曲面就是这样一种情况。无论怎么处理，它们都成不了平面。也就是说，墙壁和顶棚由一系列曲面构成的建筑才是泽纳基斯所说的"三维建筑"。在菲利普斯馆里，双曲抛物面也展现在了三维空间里。双曲抛物面的特点在于，它虽然是曲面，却是由交叉的直线累积而成的。也就是说，它和包含无数正圆的球体及锥体等曲面有很大的差别。以当时的技术水平来说，被复杂扭转了的三维造型，无论是设计还是施工，都具有相当大的难度。不过，由于双曲抛物面能够把构成要素还原成直线，所以在浇筑混凝土的时候，边框使用垂直材料即可（图六）。这不仅仅是停留在理论层面的，而且是实际存在于现实中的三维建筑。可以说，菲利普斯馆的造型是《转化》中拨奏的创意展现在空间里的成果。另外，泽纳基斯也曾建议建一座比云层还高、垂直展开的"宇宙城"，并假想了一种拥有双曲旋转形成的表面的贝壳结构。这种结构也可以被称作三维空间。

图六：建设中的菲利普斯馆（沿着边框组装一部分混凝土嵌板的过程）

连接空间与时间的数学

音乐评论家秋山邦晴说过："用同一种数学、力学逻辑把音乐和建筑两方面具体化，我们觉得这简直是太不可思议了。"他还提到了融入数学思考的十二音音乐与序列音乐的不同［注四］。序列音乐把音的构成要素分解开来，充满了思辨色彩。但是，在实际演奏时，由于它太过复杂，反而使得听众听起来觉得它并没有被具体化。而泽纳基斯根据气体的力学原理，在音乐中加入了"质的观念"，他认为"可以把音看作质量作用的运动的能量状态"。并且，他还把许多音看成一个集团，创造出了"音之云"的概念。相对于被分解得支离破碎的序列音乐来说，这种集团的感觉更加有利于将音乐作品改编成建筑设计。

古代数学家毕达哥拉斯认为万物皆数。在中世纪的学问体系里，音乐被视为理科范畴。深受希腊精神熏陶的泽纳斯基也并非就一定对宇宙学感兴趣，不过他仍然写下过这样两句话："音乐与建筑之间无断绝""音乐就是活动的建筑"。西方世界曾经一度认为建筑与音乐通过数和比例紧密联系在一起。从这个意义上来说，勒·柯布西耶虽然是现代人，但他坚持"人体工学"标准，是毕达哥拉斯"万物皆数"这一理论的忠实追随者。在《Modulor——人体工学标准》（一九五四年）的最后，他介绍了泽纳基斯的《转化》和拉·图雷特修道院［注五］。对理性数字的信仰，是勒·柯布西耶和泽纳基斯的共同之处。

但是，泽纳斯基并非一个总把目光投向过去的人。他一边挑战图形记谱法，一边向建筑与音乐里加入新的维度空间。这种前卫的精神带有划时代的意义，可是在这样一个广泛运用电脑的时代，无论是设计还是作曲都变得易如反掌。二十世纪九十年代以后的电脑建筑师综合运用各种媒介，再次关注建筑与音乐的关系，也正是发生在这个大背景之下的。音乐和影像的变换也能轻而易举地完成。在二十一世纪，技术方面的制约已经被打破，泽纳基斯的尝试也会有更加丰富多彩的表现形式吧。

注释:

［注一］ヤニス·クセナキス『音楽と建築』全音楽譜出版社、高橋悠治訳、
一九七五年。

［注 二］ Marc Treib, *Space Calculated in Seconds*, Princeton University
Press, 1996.

［注三］ Allen Brooks (ed.),"The Monastery of La Tourette", *The Garland
Essays*, Garland Architectural Archives, 1984.

［注三］秋山邦晴「イアニス·クセナキス——数学的論理学の思想」『美
術手帖』一九六九年九月号。

［注五］ル·コルビュジエ『モデュロールⅡ』吉阪隆正訳、鹿島出版会、
一九七六年。

第十三章　线与面之间——里伯斯金论

里伯斯金的建筑与音乐

虽然现在听来这只不过是一件带有一些传说成分的轶事，但是年轻时的里伯斯金仅仅是学过音乐而已。据说，他曾和丹尼尔·巴伦博伊姆、伊扎克·帕尔曼等一起获得美国—以色列文化基金会颁发的奖。现在，他是世界名声大噪的一流音乐家。作为和丹尼尔·巴伦博伊姆、伊扎克·帕尔曼等一起在卡内基音乐厅开过音乐会的"名演奏家"，里伯斯金或许还真是拥有成为一流音乐家的潜质。可是不管怎么说，他到美国以后转而投入了建筑界。不过，这位世界级的建筑家现在也还在持续从事音乐活动。比如，大家熟知的，他经常在设计图和模型里运用五线谱，最近还加入了戏剧里的舞台美术。并且，他还经常在讲话中将自己的作品、活动和音乐联系在一起。比如，提到犹太人博物馆时，他就引用了勋伯格的戏剧《摩西与亚伦》第三幕里的题目［注一］。

这部未完成的戏剧《摩西与亚伦》，以旧约圣经中的"出埃及记"为题，作曲家勋伯格本人也是犹太人。但是，据吉田宽称，犹太人博物馆和《摩西与亚伦》之间的联系，并不仅仅在于两件作品都与犹太人有关这么简单，戏剧的第三幕没有完成，这和戏剧题目的内在根本性问题之间还有深刻的关联［注二］。在一次采访中，里伯斯金说道："（我）借助中空的建筑空间，将因《摩西与亚伦》变成永恒的那段话，即勋伯格未完成第三幕，且留下不可能完成的断言，我却用音乐以外的形式完成了。"［注三］如果将这段话照字面意思应用到犹太人博物馆的建筑形式上，那么里伯斯金或许是想将"摩西之歌"和"亚伦的语言"的对立替换为"体现犹太人支离破碎的流亡之路的"之"字形建筑"和贯穿其中的"名为'空白空间'的直线空间"，借此以建筑的形式完成《摩西与亚伦》未完成的第三幕。难怪在设计模型上就能看到只有在"空白空间"的墙面上才会密密麻麻地写满的文字（图一）。

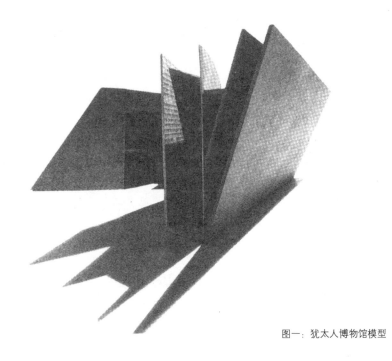

图一：犹太人博物馆模型

作为设计图和乐谱上时空坐标的线条

在一楼的平面图上也以另一种形式体现了里伯斯金倾注在犹太人博物馆上的所有思想。平面图上不仅有博物馆，还描绘了周边的环境，并且和由上而下的方形格子重合。这到底暗含着什么呢？格子和隔壁现有的博物馆的坐落方向毫无关系，和街道方向也不一样。而且，它稍稍向正北方向偏，其实这仅仅和唯一被称为空白空间轴线的方向一致。总而言之，里伯斯金借助空白空间设计了这种透明的格子，形成了抽象的空间坐标，并且还和周围的城市风景重合。

犹太人博物馆原本计划和已有的柏林博物馆相连，可是里伯斯金认为，这是一幢全新的建筑，所以不仅是现有的博物馆，甚至连周围的城市都要重新规划。而且，透明格子的存在不是由作为参观博物馆的人的行走空间决定的，而是由贯穿其中的空白空间决定的，从这一点来说，意义深远。

说到这里，关于建筑、城市的空间坐标的线条，我们可以一直追溯到文艺复兴时期的绘画。为了描绘纵深的空间，人们经常会在地面上画格子花纹。帕诺夫斯基在《作为象征形式的透视》一书中指出，这样会赋予地面一种全新的意义［注四］。也就是说，格子花纹的地面不仅仅是普通的地面，而且拥有了更为重要的意义，在暗示无限延伸的空间的同时，也成了表现空间里物体大小及位置关系的抽象坐标。不过，在文艺复兴时期的建筑设计图里，这样的格子还没有出现。在当时建筑的平面图和立面图里，为了清楚地表示柱子、墙壁等的大小，人们会画出很多辅助线。可是这些辅助线并没有穿过柱子或墙壁的中心，而是从构件的顶端延伸出来。也就是说，柱子的直径和墙壁的厚度之类的实际数据，以及柱子之间间隔的空隙等，都是严格地分开测量的（图二）。而且，长度的单位也经常被认为如同作为建筑一部分的柱子的直径一样。

与此相对，迪朗在他的建筑著作《在美丽、伟大、奇异中的古代和近代，所有种类的建筑物的图集与比较》中把各种不同类型的建筑按统一的尺寸排列，还在建筑物的下方标上比例尺的单位为米［第八章图十二］。在另一本著作《建筑讲义记录》的平面图里，他在每根柱子的中心引出基线，表示出柱子

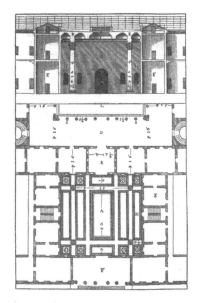

图二：摘自帕拉第奥的《建筑四书》（一五七○年）（尺寸线都是从柱子和墙壁的顶端延伸出来的）

中心与中心之间的距离［第八章图十四］。当今，一般的建筑平面图也会标出柱子中心与中心之间的距离，但是这个尺寸包括了建筑实体和建筑间空隙两个迥然不同的部分。由于建筑物实体和建筑物以外的空间与平面图毫无关联，所以就有了测量这两个东西的空间坐标。

另一方面，一想到组成乐谱上坐标轴的线，我们脑海里必然会浮现出五线、小节线。但追根溯源，其实以前的"五线谱"只有四根线，而且小节线还没产生。五线的其中一种使用方法在十五六世纪的键盘乐器和鲁特琴作品里出现过，可现在早已销声匿迹。五线谱在十六世纪以后已被用在声乐作

品里，直到十八世纪才作为普遍的记谱方法被广泛接受［注五］。水平的五线，或者说四线表示音高，而垂直的小节线可以说就像是时间的坐标。西洋音乐经历了从格列高利圣咏到圣母院乐派、新艺术派的各个阶段，逐渐对音的长度运用比率做了相对的规定，不过，仍然只有单调的音响存在。小节线的出现昭示了一种所谓透明格子的存在，而这种格子正是由耳朵感觉不到的"拍子"这种时间体系形成的。

作为线条的建筑——犹太人博物馆和室内乐体系

刚才我们一直在探讨建筑设计图上的线条，即空间坐标轴和乐谱上的线条（即时间坐标轴）。接下来，我们换一个角度，把目光转到建筑物本身。

犹太人博物馆的设计以里伯斯金自己想的"线状的空间"命名，其实，建筑物本身不也是一种线条吗？也就是说，我们可以把这幢建筑看成由"之"字形蜿蜒的曲线脉络和贯穿其中的"被称作空白空间"的直线脉络这两条脉络构成的。

另一方面，命名为"室内乐体系"的共计二十八幅图也都是由线条构成的平面结构图。乍一看，杂乱无章、毫无规律可循的无数根线条，或许会让人联想到现代音乐的乐谱和康定斯基的绘画作品。说到康定斯基，他和勋伯格的交流也为人们所熟知［注六］。所以，讨论里伯斯金、勋伯格、康定斯基之间的相互关系也是很有意思的。这些图分为"垂直系列"和"水平系列"两组。"垂直系列"共有十四幅，画面一幅比一幅窄，然后变成无数根线条错综复杂交织摆动的集合，最终，整个画面只剩下垂直竖立着的窄窄细线（图三）。在"水平系列"里，无数线条被从上、下两个方向挤压，密度逐渐增大，最终变成一条在水平方向上延伸的细带。其实，这根细带本身也就是一条线。这种制图到底有什么含义呢？

举个例子来说，如果把这种图当作建筑物的平面图来解读，就会发现这就相当于垂直竖立着的无数面墙壁。若援引一般平面图的规则，每条线粗细不同，就代表了不同厚度的墙壁。也就是说，细线表示很薄的墙，粗线表示很厚的墙。实际上，他把"室内乐体系"直接立体化，做了一个模型，称为"菩提树计划"（图四）。虽然他的图没有体现，不过若把这个细带再压缩一下，那最终也会变成一条线。但是，这时的线并不是简简单单的线条，它应该是无数条杂乱无章的线条的集聚。如果把这些线条的集聚当作平面图来看，那线条就代表无数零碎的坯料被高度压缩形成的一块墙体。这就像是在暗示建筑上线条的不同阶段。为什么这么说呢？如果俯瞰犹

图三：室内乐体系（部分）

图四："菩提树计划"的模型

太人博物馆的曲折建筑，其实也可以认为它们是一种线条。如果把这个线条，也就是把建筑物放大观察，就又会发现更多的新的线条。也就是说，建筑物是由平行的两面墙划出了边界，室内还有楼梯等，存在着多种分割要素。如果把这些墙壁以五百分之一和一百分之一的比例缩小，那它们就成了两根平行线。在比例尺为二十分之一或者十分之一的设计图上，墙壁自身也成了拥有一定宽度的带状物。如果再把比例扩大到五十倍甚至一百倍，那么构成墙壁的混凝土、金属等物质特有的横截面就会清晰地显现出来了。这就意味着建筑上的线条会根据情况的不同而呈现出不同的状态。

作为线条的音乐——音簇和滑奏

二十世纪的现代音乐从不同的角度探索了五线谱以外的新的记谱法。可是在没有出现全新音乐谱曲时，用以往的五线谱很难表现，因为实际上有时用文字都表达不出来。布莱兹说过，音乐记谱法可以分为两种："纽姆音符式"和"借助平面几何学坐标的数学式"［注七］。现在，最普遍的五线谱记谱法属于纽姆音符谱表系统，声音就是五线谱上的音符，以点的形式记录下来。音的长短，用音符的颜色、音符上有无附着小点和直线等来区分，而音符本身点的大小不会变化。也就是说，每个音都会持续一定的时间，乐谱上无论多长的音都用同样大小的点来表示，一连串的旋律也是由不连续的点排列而成的。另外，如果一个音已经延长到了下一个小节，那么下一个小节也会把这个音符再记一遍，两个音符以连线连接。这样的话，一个音明明是连续的，但乐谱上用两个音符表示。而且，五线谱只能以半音—半音的形式记录音程，而实际上半音和半音之间的音程也是连续的。

为了避免现实中和乐谱上记录的音符不一致，在二十世纪，人们研究出了各种各样的新型记谱法。比如，以时间为 X 轴、音的频率（音高）为 Y 轴，制作一张图表的记谱法。如果把古典五线谱上的一个音符所代表的一个音记录到这个坐标轴上，那就变成了特定长度的一条水平线。也就是说，在以往的五线谱上，音虽然是连续的，但由于是用点表示的，所以不发音的时候就用休止符表示。与此相对，在图表式乐谱上，音连续的长度用连续的线表示，线断了的时候，那空白的部分就表示音中止了。泽纳基斯等作曲家就在图表式乐谱上用斜线表示滑奏部分的音型。一再出现某个同种变化的滑奏部分在这种图表上就表现为一条稍稍倾斜的直线，不同滑奏的组合就以双曲抛物面的形式表示。顺便说一下，当作为建筑家在勒·柯布西耶的事务所负责设计菲利普斯馆时，泽纳基斯就是将自己第一首音乐作品《转化》乐谱上滑奏部分的双曲抛物面运用到了建筑上，完成了这项经典的设计［注八］。图表式乐谱上的线，即表示特定连续音程的水平线或者表现滑奏的斜线，这些线本身是没有宽度的。Y 轴方向上线的位置只表示音高，X 轴上的线的长度只表示音的时间长短。

那么，借用布莱兹的话就是，对角线方向上音的连续就是滑奏，垂直方向上音的堆砌就是音簇［注九］。音簇就是指半音或者比半音还要短的音程堆砌起来的音响，在现代音乐中常被使用。电子音乐可以制造出非常接近、极为微妙的音程差。由于音簇是由多个音的要素构成的，所以用五线谱上多个音符应该就能表示出来。可是音簇的命名者亨利考埃尔有自己的看法："音簇应该和平音调一样作为一个单位来处理。"［注十］

也就是说，由于音簇中音群的各自音程非常接近，所以像哆咪嗦这样的和弦的音，如果不区别开来听，那么将其理解为由临近音程的音组成的一串音的复合体也不会有任何不自然。彭德雷茨基在表示音簇时，采取的不是全面覆盖五线谱上的多个音符，而是整片音域的方法（图五）。这样，音簇就不是用点来表示，而是用粗线条来表示。在这之前，用点表示的音在进入二十世纪后，在平面几何学式乐谱上都被改成了线状，不过，这些线条通常都没有宽度。只有音簇被表示成了有宽度的线条。

如果把这种有宽度的线条即音簇进一步放大加粗，那又会发生什么情况呢？这样的音响是由非常

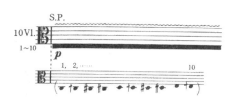

图五：彭德雷茨基的《广岛死难者悼歌》/52 件弦乐器，用有一定宽度的线条记录现代音乐中的"音簇"（上面的乐谱）

接近的音程的多个音组成的复合体。如果把这一个个的音分别单独标在乐谱上，那就一定会出现固有音程的点。可是，果真是这样吗？本来，每一个固有的音程都来源于现实。比如，就像带有颤音的音的音程拥有四分之一音左右的宽度，以往的古典音乐中的音程本身就有些许暧昧和模糊。而且，即使不带颤音，人类的声音和古典乐器的声音在本质上都是带有复杂频率的声音的复合体。举个例子来说，人类想要发出 445 赫兹的音时，实际发出来的并不仅仅只是 445 赫兹的音，而是包含了其他各种频率的声音的复合体。小提琴及其他的管弦乐器也存在同样的情况。

当然，电子音乐可以发出带有单一频率的声音（纯音）。不过，一般乐器发出的音都是不同频率的组合，每种组合的特性也导致了每种乐器音色

的不同。也就是说，如果多次重叠一般乐器发出的音形成一个音簇，那么严格来说，每一个音簇就都是音的复合体。可以说，音簇就是在狭窄的音程里多个音的复合体。同时，构成音簇的每一个音也是多个频率的复合体。

线与面之间

在过去的几节中，我们验证了出现在建筑和音乐中的各种线条的变化。在建筑设计图上，从各个构件顶端引出来的用于表示空间位置的辅助线，后来变成了穿过柱子中心的线，这样就能够表示更为抽象的空间坐标系。而在乐谱上，表示音程的水平线及作为时间坐标的垂直线，即小节线出现以后，就能够更加明确地表达多个旋律之间的关系。无论哪一种情况，都是将建筑和音乐放到二维设计图或者乐谱上来看的，所以只是记谱用的辅助线和建筑与音乐本身没有关系。

那么，作为线条的建筑或者说作为线条的音乐到底该如何想象呢？犹太人博物馆本身就像线条一般。但是若像埃姆斯的影片《十的次方》里一样，不断提高平面图的分辨率，那就会出现多层线条，若进一步扩大构成剖面的多根线条，那就会看到由各种各样的要素构成的平面。也就是说，现实世界里也排列着多种由线和面组成的维度空间。

音乐的情况也是这样，有一定宽度的线条，即作为一个平面记在乐谱上的音簇，也就是由多个音程的音构成的音，只不过是以复合体的形式出现的。作为构成要素的每一个音，在乐谱上都表现为一个点的音程，可如果是特殊乐器发出的音，那它本身也不是单一的频率，而是多个音程的音的复合体。在数学世界里，点没有面积，线也没有宽度，不过，很明显的是，建筑平面图上的大多数线条代表水平剖面图，所以，它们已不再是单纯的线条，实际上是带有宽度的平面。在音乐世界里，被视为单一的音程在现实中其实也是有宽度的。也就是说，在这些世界里，构成某个平面的线条其实也是比它低一维度的线条所构成的平面，于是，线和面组成的维度空间也是相互联系在一起的。

关于由无数线条构成的里伯斯金的"室内乐体系"，借用勋伯格形容韦伯恩的音乐的话来说，那就是："就像是把一本书浓缩成了一声叹息。"［注十一］里伯斯金的"室内乐体系"像是被高度压缩的一条线。如果说一条线的内部还有多个维度空间在一环一环地相互联系着，那这条线就成了构成下一个维度里"室内乐体系"的一个要素。"室内乐体系"的最后一张图表现的或许是被压缩的无数根线条向更高级的一个维度空间飞跃的瞬间。

注释:

［注一］ダニエル・リベスキンド「欲望と解釈のあらゆるフォルムが消滅したときに、初めて建築と芸術の真の作用が機能しはじめるのです」（『科学と芸術の対話』浅田彰監修、NTT 出版、一九九八年）。

［注二］吉田寛「音楽家ダニエル・リベスキンド？」「InterCommunication」43 号、二〇〇二年一一月。

［注三］ダニエル・リベスキンド，同上。

［注四］E・パノフスキー『〈象徴形式〉としての遠近法』木田元ほか訳、哲学書房、一九九三年。

［注五］*The New Grove Dictionary of Music & Musicians* 的 ”Notation”。

［注六］二〇〇〇年春天，以勋伯格与康定斯基的交流为主题的展览会在维也纳的勋伯格中心开幕（"Schönberg, Kandinsky, Blauer Reiter und die Russische Avantgarde", Journal of the Arnold Schönberg Center, 2000）。

［注七］P・ブーレーズ『現代音楽を考える』笠羽映子訳、青土社、一九九六年。

［注八］参照第十二章 "泽纳基斯和勒·柯布西耶的菲利普斯馆"。

［注九］P・ブーレーズ，同上。

［注十］松平頼暁『20·5 世紀の音楽』青土社、一九八四年。

［注十一］Rスミス＝ブリンドル『新しい音楽』吉崎清富訳、アカデミア・ミュージック、一九八八年。

后记

合著出书并不稀奇，不过，就这本书的产生过程，我们还是想说几句

谈到开始从事建筑与音乐相关研究的契机，那还得追溯到我们的大学时代。五十岚于一九九一年写的东京大学硕士论文和菅野于一九九〇年写的横滨国立大学毕业论文都以西方中世纪的建筑与音乐为主题。五十岚把时间和地域范围限定在西方中世纪，特别是哥特时期的法兰西岛，而菅野则着眼于包括了罗马式风格的西方中世纪建筑全貌，虽然这两者有差别，不过我们都几乎是以同时代的建筑和音乐作为主题的。而且，在比较纷繁复杂的建筑与音乐的大视角下，两人的观点是一致的，都是通过比较时间和空间的形式。所以，讨论"建筑与音乐"时，我们选取的时间几乎是同一时代，而且角度非常相似，这纯属偶然。若说是"时代精神"使然，那的确有些夸张。不过，考虑到两人几乎是同时进行这项研究的，而且角度非常接近，与其说我们两人不约而同地想到了这个题目，还不如说是我们所处的时代使我们不由自主地萌生了这样的构思。

这个暂且不论，我们两人关于建筑与音乐的研究，就像上面说的，实际上是分别单独进行的，而不是以共同研究的形式开展的。之后，我们找了

两次机会合写了这本书的部分章节，其余的（第八章、第十二章）则是我们分头完成的。借这次出版之机，我们把所有章节按照时代顺序排列，整理成书。本书的内容如有不一致的地方，首先是由以上情况导致的，还请见谅。

当然，虽然本书中已经提到了，不过还是想啰嗦几句。认为所有时代的建筑与音乐存在一种共通性是十分危险的，用一种观点考察所有时代的建筑与音乐根本不可能。即便如此，如果还是发现本书的结构有缺乏一致性的地方，那一定是我们能力不足使然。不过，这也体现了我们从开始研究直至今日，岁月更迭，思考转变的轨迹。

各章节首次成形的大致时间在后面会提到，不过，大部分章节是在这次出版之际，在原稿基础上进行大量的加工润色完成的。另外，也有部分内容是我们借此机会把之前单独写的内容组合到一起形成的。

在本书加工的过程中，我们得到了许多人的悉心指导，他们提出了宝贵的建议，我们在这里一并表示诚挚的谢意。

首先，在我们最初开始写建筑与音乐方面的硕士论文和大学毕业论文时，横山正老师和吉田钢市老师给予了我们悉心的指导和帮助，我们在此向两位老师表示衷心的感谢。

横山正老师不仅无私地为五十岚提供资料、提出宝贵建议，全面支持五十岚的论文写作，还教会了五十岚对凡事都抱有好奇心，以宽广的视角思考各种艺术形式的治学态度。

吉田钢市老师在菅野的大学四年里，始终给予菅野各种指导与帮助。"建筑与音乐"这个题目产生于菅野大学三年级的时候。第二年春天就要写毕业论文了，到底这个构思能不能定为论文的题目呢？菅野怀着忐忑不安的心情拜访吉田钢市老师的情景现在仍然历历在目。那天，"建筑艺术论"下课后，教室里只有稀稀拉拉的几个学生，非常安静。在研究生涯中，每当想起吉田钢市老师那天亲切和蔼的话语，菅野都会受到莫大的精神鼓励。吉田老师指导学生既严厉又充满温暖，菅野始终为自己能在自由宽松的环境里从事研究感到无比幸福，对此，现在已经不是用简单的感谢之词可以言表的了。

当还是横滨国立大学建筑史与建筑艺术研究室的学生时，菅野就立志要从事建筑史的研究。从那以后，关口欣也老师也对菅野的研究给予了无微不至的指导。关口老师多次给菅野提出言简意赅的建议，使菅野受益匪浅。在此，菅野也向关口老师表达深深的谢意。从大野敏老师那里，菅野不仅学会了很多研究建筑史的方法，还学会了对待每一个问题都要细致热情的研究态度。

另外，我们也感谢佐藤敏宏先生为我们提供了一个以独特的形式发表建筑与音乐研究成果的场所。对我们来说，这也是重新审视一路走来的研究过程的宝贵机会，我们非常感谢。

除了上述在建筑史研究方面给予我们悉心指导的各位老师，在音乐领域我们也有幸得到了许多老师的帮助。特别是音乐史研究会的金泽正刚、今谷和德、上尾信也等各位老师，他们从音乐史研究的角度给我们提供了宝贵的建议。已故的柴田南雄老师为佛罗伦萨大教堂的相关音乐史研究提供了诸多珍贵资料和悉心指导。在我们对里伯斯金进行相关考察时，现代音乐家远藤拓已先生也给我们提出了宝贵的建议。

五十岚从学生时代的摇滚乐队时期开始就已经着手写音乐与建筑的相关论文了。而另一方面，菅野从小就非常熟悉西方古典音乐，最初，她把主题定为中世纪（大约是一九八七年）的建筑与音乐。当她听了自己建筑学班上的同学中川奈绪子所属的东京少男少女合唱队 senior core 的演奏会之后，菅野才第一次正式接触到中世纪和文艺复兴时期的基督教音乐。所以，菅野论文的选题与此也不无关系，并且之后中川奈绪子也给菅野提出了许多宝贵的意见。

　　本书是"合著丛书"系列的其中一本，我们非常感谢这个系列的主编给我们这个机会，把这本市面上还没有类似题材的《建筑与音乐》推向社会，奉献给所有的读者。

　　本书在最终顺利出版之前，给本书的编辑 NTT 出版社的山下幸昭先生也添了不少麻烦，但是，山下先生总是不厌其烦地给我们提供各种帮助，所以我们再一次向山下先生表示感谢。

二〇〇八年九月

五十岚太郎、菅野裕子

插图出处一览表

序 至死不渝地恋慕缪斯女神的戴米乌尔格斯

图一 John Onians, *Beares of Meaning: The Classical Orders in Antiquity, the Middle Ages, and the Renaissance*, Princeton University Press, 1988.

图二 ルドルフ・ウィットコウワー『ヒューマニズム建築の源流』中森義宗訳、彰国社、一九七一年。

图三 R. Wittkower, *Art and Architecture in Italy* 1600-1750, Pelican History of Art, 1975.

图四 Caterina Pirina, "Michelangelo and the Music and Mathematics of His Time", *The Art Bulletin*, vol. LXVII, no. 3, Sept.1985.

图五 作者拍摄。

图六 作者拍摄。

第一章 体验空间和时间

图一 作者拍摄。

图二 作者拍摄。

图三 作者拍摄。

第二章 哥特式建筑与圣母院乐派

图一（一）　Archibald T. Davison and Willi Apel, *Historical Anthology of Music*, vol. 1, Harvard University Press, 1949.

图一（二）　同前。

图四（一）　美山良夫＋茂木博編著『音楽史の名曲』春秋社、一九八一年。

图四（二）　C. Parrish, *A Treasury of Early Music*, W. W. Norton, 1958.

图四（三）　同前。

图五　同前。

图六　『西洋建築史図集』日本建築学会編、彰国社、一九八八年。

图七　作者拍摄。

图八　作者拍摄。

图九　作者拍摄。

图十　皆川達夫『西洋音楽史 中世·ルネサンス』音楽之友社、一九八六年。

图十一　作者拍摄。

图十二　ヨセフ·スミツ·ヴァン·ワースベルヘ『人間と音楽の歴史音楽教育』ハインリヒベツセラー＋マックス·シュナイダー監修、音楽之友社、一九八六年。

图十三　皆川達夫『西洋音楽史 中世·ルネサンス』音楽之友社、一九八六年。

图十四　『西洋建築史図集』日本建築学会編、彰国社、一九八八年。

图十五　作者拍摄。

第三章 关于中世纪的象征

图一　ヨセフ·スミツ·ヴァン·ワースベルヘ『人間と音楽の歴史音楽教育』ハインリヒベツセラー＋マックス·シュナイダー監修·音楽之友社、一九八六年。

图二（一）　George Lesser, Gothic Cathedrals and Sacred Geometry, London: A. Tiranti, 1957.

图二（二）同前。

图三 Louis Charpentier, *The Mysteries of Chartres Cathedral*, Research into Lost Knowledge Organisation, 1972.

第四章 文艺复兴的邂逅——布鲁内莱斯基和纪尧姆·迪费的比例理论

图一 右：今谷和德『ルネサンスの音楽家たち I』東京書籍、一九九三年，左：Guillaume Dufay, *Opera omnia Corpus mensurabilis musicae t. 1. Motet*i, Heinricus Besseler (ed.), American Institute of Musicology, 1966.

图二 Charles W. Warren, "Brunelleschi's Dome and Dufay's Motet", *The Musical Quarterly* 59, 1973.

图三 同前。

图四 Peter Murray, *Renaissance Architecture*, Electa, 1985.

图五 Marvin Trachtenberg, *Dominion of the Eye*, Cambridge University Press, 1997.

第五章 理论书上的单位理论——模数和塔克图斯

图一 ジャコモ·バロッツィ·ダ·ヴィニョーラ『建築の五つのオーダー』長尾重武編、中央公論美術出版、一九八四年。

图二 Stephanus Vanneus, *Recanetrum de musica aurea*, Rome, 1533, repr. Bologna: Forni, 1969.

图三 同前。

图四 同前。

图五 Adriano Banchieri, *Cartella musicale nel canto figurato, fermo & contrapunto*, Venetia, 1614, repr. Bologna: Forni, 1968.

第六章 风格主义的实验与融合

图一 作者拍摄。

图二 作者拍摄。

图三 作者拍摄。

图四 作者拍摄。

图五 作者拍摄。

图六 作者拍摄。

图七 作者拍摄。

第七章 巴洛克时期的不完整性

图一 作者拍摄。

图二 作者拍摄。

图三 照片：作者拍摄；设计图：*Encyclopedia of World Architecture*, Evergreen, 1977.

图四 作者拍摄。

图五 Borromini e l' universo barocco, a cura di Richard Bosel e Christoph L. Frommel, Electa, 2000。

图六 作者拍摄。

图七 皆川達夫『楽譜の歴史』音楽之友社、一九八五年。

图八 *Il Zazzerino: Music of Jacopo Peri*, Harmonia Mundi, 1999.

图九 作者拍摄。

图十 照片：作者拍摄；设计图：Christian Norberg-Schulz, *Baroque Architecture Electa*, 一九七九年作者添加了辅助线。

图十一 湯澤正信『劇的な空間』丸善、一九八九年。

图十二 Peter Murray, *Renaissance Architecture*, Electa, 1985.

图十三 Christian Norberg-Schulz, *Baroque Architecture*, Electa, 1979.

图十四 皆川達夫『バロツク音楽』講談社現代新書、一九七二年。

图十五 同前。

第八章 以巴赫为跳板考察建筑与音乐

图一 ホフスタッター『ゲーデル、エッシャー、バッハ(20 周年記念版)』野崎昭弘＋柳瀬尚紀＋はやしはじめ訳、白揚社、二〇〇五年。

图二 作者拍摄。

图三 クルト・ザックス『リズムとテンポ』岸辺成雄監訳、音楽之友社、一九七九年。

图四 G. P. da Palestrina, *Missa brevis*, J. A. Bank (ed.), Amstelveen, 1977.

图五 皆川達夫『楽譜の歴史』音樂之友社、一九八五年。

图六 同前。

图七 作者拍摄。

图八 *Il giovane Borromini*, Manuela Kahn-Rossi and Marco Franciolli(eds.), Skira, 1999.

图九 Christian Norberg-Schulz, *Baroque Architecture*, Electa, 1979.

图十 パラーデイオ『パラーデイオ「建築四」注解』桐敷真次郎編著訳、中央公論美術出版、一九八六年。

图十一『マクミラン世界科学史百科図艦 5 20 世紀・生物学』メリリー・ボレル編、丸山工作監訳、原書房、一九九二年。

图十二 Sergio Villari, *J. N. L. Durand*, Rizzoli, 1990.

图十三 パラーデイオ『パラーデイオ「建築四書」注解』。

图十四 Sergio Villari, *J. N. L. Durand.*

图十五 作者拍摄。

图十六 W. エマリ『パッハの装飾音』東川清一訳、音楽之友社、一九六五年。

第九章 圣马可大教堂和威尼斯乐派

图一 照片：作者拍摄，设计图：Otto Demus, *The Church of San Marco in Venice*, Harvard University, 1960.

图二 作者拍摄。

图三 Gioseffo Zarlino, *Le Istitutioni Harmoniche*, Venezia, 1558, repr. Broude Brothers N.Y., 1965.

图四 作者拍摄。

图五 作者拍摄。

图六 作者拍摄。

图七 Terisio Pignatti，*Canaletto*, Giunti, 2001.

第十章 莫扎特和建筑

图一 作者拍摄。

图二 Philippe Duboy, *Lequeu: An Architectural Enigma*, MIT Press, 1987.

图三 同前。

图四 作者拍摄。

图五 K. F. Schinkel, *Buhnenentwurfe I Stage Designs*, Ernst und Sohn, 1990.

图六 同前。

图七 同前。

第十一章 寄生虫、标注寄生虫和标注——乐库、萨蒂和舒曼

图一 Philippe Duboy, *Lequeu: An Architectural Enigma*, MIT Press, 1987.

图二 『エリック・サテイ詩集(新装版)」』藤富保男訳、思潮社、一九九一年。

图三 Jean-Marie Perouse de Montclos, *Etienne-Louis Boullee*, 1728-99, Thames and Hudson, 1974.

图四 Philippe Duboy, *Lequeu: An Architectural Enigma*.

图五 同前。

图六 同前。

图七 同前。

图八 同前。

图九 同前。

图十 秋山邦晴『エリック・サテイ覚え書』青土社、一九九〇年。

图十一 M・シュネーデル「シューマン 黄昏のアリア」千葉文夫訳、筑摩書房、一九九三年。

图十二 同前。

图十三 Philippe Duboy, Lequeu: An Architectural Enigma.

图十四 André Boucourechliev, Schumann, Seuil, 1956.

第十二章 泽纳基斯和勒・柯布西耶的菲利普斯馆

图一 Marc Treib, *Space Calculated in Seconds*, Princeton University Press, 1996.

图二 同前。

图三 作者拍摄。

图 四 André Baltensperger, *Iannis Xenakis und die stochastische Musik*, Haupt, 1996.

图五 Marc Treib, *Space Calculated in Seconds*.

图六 同前。

第十三章 线与面之间——里伯斯金论

图一 Daniel Libenskind, *Countersign*, Academy Editions, 1991.

图二 パラーデイオ『パラーデイオ「建築四書」注解』桐敷真次郎訳、中央公論美術出版、一九八六年。

图三 Daniel Libenskind, *Countersign*.

图四 Daniel Libeskind, *Radix-Matrix*, Prestel, 1997.

图五 松平頼暁『現代音楽のパサージュ』青土社、一九九五年。

首次出现一览表

　　序　五十嵐太郎「美しき女神ムーサ、そして思慕し続けるデミウルゴス」「建築文化 (特集＝建築と音楽)」一九九七年一二月号、彰国社。

　　第一章　五十嵐太郎「中世後期、イル・ド。フランスにおける建築と音楽の構成原理と象徴機能」東京大学研究生毕业论文，一九九二年＋菅野裕子「西洋中世の建築と音楽｜ロマネスク期からゴシック期への移行における建築空間と音楽空間のアナロジー」横滨国立大学毕业论文、一九九一年。

　　第二章　五十嵐太郎「ゴシックとノートルダム楽派」『史潮』弘文鋼一九九三年。

　　第三章　五十嵐太郎「中世後期、イル・ド・フランスにおける建築と音楽の構成原理と象徴機能」東京大学研究生毕业论文、一九九二年。

　　第四章　菅野裕子「フィレンツェ大聖堂とヌーペル・ロザールムについての考察」『日本建築学会大会学術講演梗概集』一九九八年。

　　第五章　菅野裕子「ルネサンス期における建築と音楽の単位に関する考察」『日本建築学会計画系論文集』二〇〇五年五月。

　　第六章　菅野裕子「マニエリスム期における建築と音楽について」『日本建築学会大会学術講演梗概集』一九九三年。

　　第七章　菅野裕子「16 世紀から 17 世紀における建築と音楽の変化の類

似性について」『日本建築学会大会学術講演梗概集』一九九六年。

　第八章 菅野裕子＋五十嵐太郎「空間·時間·バッハ」『季刊エクスムジカ』
1号、ミュージックスケイプ、二〇〇〇年1月。

　第九章 菅野裕子「サン·マルコの建築と分割合唱について」『日本建築
学会大会学術講演梗概集』二〇〇〇年。

　第十章 五十嵐太郎「モーツアルトと建築　ロココとフリーメーソンの
残響」、網野公一ほか編『モーツアルト·スタデイーズ』玉川大学出版局、
二〇〇六年。

　第十一章 五十嵐太郎"寄生虫、标注寄生虫和标注"，《10+1》3号，
INAX，一九九五年。

　第十二章 菅野裕子＋五十嵐太郎"菲利普斯馆和泽纳基斯"，《建筑文化》，
二〇〇一年二月号，彰国社。

　第十三章 菅野裕子"线与面之间"，《找到了！》二〇〇三年三月号，青土社。

作者简介

五十岚太郎

出生于一九六七年。建筑史学家和建筑评论家，毕业于东京大学研究生院，工学博士，现任日本东北大学教授。同时，五十岚太郎还是第十一届威尼斯双年展国际建筑展日本馆的最高负责人。著有《终结的建筑/起源的建筑》（ENAX 出版）、《战争与建筑》（晶文社）、《现代建筑中的远近法》（光文社）、《美丽的都市·丑陋的都市》（中公新书）、《有关现代建筑的十六章》（讲谈社现代新书）、《新编新宗教和巨大建筑》（筑摩书房）、《"结婚仪式教堂"的诞生》（春秋社）等。

菅野裕子

出生于一九六八年。一九九一年毕业于横滨国立大学工学部建筑学科。一九九三年从同一所大学研究生毕业。一九九四年在横滨国立大学工学部建筑学科作为助手进行相关工作，二〇〇六年成为同一工学研究院的特别研究教员。二〇〇六至二〇〇七年担任费伦泽大学建筑学部客座研究员。工学博士。菅野裕子的研究方向为西洋建筑历史。著有《READINGS：1 建筑的书籍/都市的书籍》（合著、INAX 出版）。另外著有论文《西洋建筑与音乐的比较艺术历史研究》（横滨国立大学博士论文，二〇〇六年）。